食譜大全

民初祝味生食譜大全（虛白廬藏民國刊本）

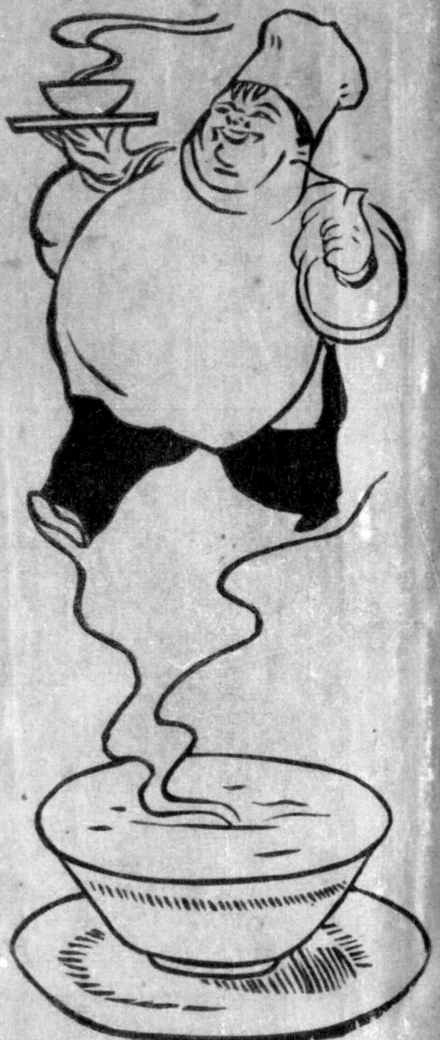

心一堂　飲食文化經典文庫

食譜大全 目錄

中國食品

第一類 葷的炒中菜

一八 炒鱔和
一九 炒蝦仁
二〇 炒油蝦
二一 炒大蝦
二二 炒海參
二三 炒田鷄
二四 炒魚肚
二五 炒黃菜
二六 炒三鮮
二七 炒羅漢辣糊
二八 炒鷄鬆

二九 炒肉鬆魚鬆
三〇 炒魚片
三一 炒香蕈
三二 炒蘑菇
三三 炒腴肉
三四 炒新蠶豆子
三五 炒辣茄
三六 銀魚炒蛋
三七 銀魚乾炒肉絲
三八 炒蕈子
三九 炒野鷄

四〇 炒瓜丁
四一 炒食拌

素的炒中菜

四二 炒素十景
四三 炒雙冬
四四 雙冬炒腐衣
四五 炒素
四六 炒素肉圓
四七 炒素腰片
四八 炒素海參
四九 炒素鷄

一三　元宵
一四　湯水圓
一五　八寶飯
一六　鍋貼
一七　湯麪餃
一八　水餃子
一九　餛飩
二〇　杏絡
二一　炒米粉
二二　米酥
二三　酥糖

二四　肉餃
二五　猪油蛋糕
二六　肉饅子
二七　夾沙饅子
二八　百菓蜜糕
二九　青糰子
三〇　南瓜糰子
三一　刺毛糰
三二　毛糕
三三　玫瑰海棠糕
三四　燕窩粥

三五　芡實粥
三六　八寶粥
三七　鴨粥
三八　羊粥
三九　藕粥
四〇　綠豆粥
四一　蜜餞佛手
四二　蜜餞蓮心

食譜大全

中國食品

第一類　炒中菜

炒的中菜。名目很多。炒的法子。次第寫在下面。炒的器具。不外鍋、爐、廚刀、鏟刀、湯勺、笊籬等。盛菜的器具。不外磁盆和磁碗。其他煮法的中菜。所用器具也是差不多的。現在說明了。以下不再寫出來了。至於除腥、去羶、及調味用的雜料。附寫在下文的煮法中。

一　炒鷄片

用小嫩鷄的生脯膛肉兩片。切成三分闊厚。長約半寸的薄片。把菜油或熟猪油一兩。注入煎鍋中。放急火爐子上。煑到發沸冒火。將鷄片投入。用鏟刀速速翻炒十七八下。注下半兩黃酒。食鹽少許。再炒五六下。加入少許白糖及蒸粉餌。用鏟刀拌和就可出鍋供食了。這種名叫淸炒鷄片。色白而鮮嫩異常。還有加入筍片。或是白菜片。香菌絲。不用鹽。加入好醬油和黃酒粉餌同炒。法子是一樣的。名叫紅炒鷄片。不用醬油。用鹽酒春筍同炒。名叫春筍炒鷄片。這樣炒菜。要算教門館子裏的頂著名。他們是臨炒時。宰割活鷄。拔去胸毛。割下脯膛肉來炒的。格外鮮嫩。炒法愈快愈好。緩則肉老矣。

二　炒時件（一名炒雞雜）

把兩副雞肫雞肝。不用雞腸。入冷水中洗滌潔淨。取起揩乾。切成三分的均勻薄片。一面把猪油一兩。菜油也可用的。傾入煎鍋中。待煎到沸極起青烟。投入肝雜，用鏟刀一陣亂炒。炒到雞肫嫩熟爲度。把預備的雞湯一杯。好醬油半兩。加入。若用筍片或白菜片作和頭、也在這時候一同加入。加蓋。煮到發沸。去蓋。把少許白糖及粉膩加入。用鏟刀攪抄幾下。見湯汁濃厚。就可出鍋供食。臨吃時加麻油三滴。附加一小盆醋。一小盆胡椒末。愛吃者自行加入。

三　菜心炒雞

童子雞一只。宰割去淨毛及腸雜。用冷水先滌潔。去頭脚。切成八分見方的小塊候用。一面挖取大菜心三四顆。用冷水滌淨。入沸水中煮透撈起。切成細條。用冷水過清。捻乾候用。一面把熟猪油二兩。菜油也可用的。傾入鍋中。用急火煮到極沸。投雞塊同少許葱薑屑投入鍋中。用鏟刀攪抄。投入大茴香一只、抄到半熟。把黃酒二兩向鍋內四圍加入。急將鍋蓋蓋上。使酒味鑽入雞肉中。閱片刻。去蓋。加入好醬油二兩。鹽少許。清水適宜。

加蓋再燒兩透，用文火燒到八分熟。去蓋把菜心加在一面。不必攪和。並加入白糖用文火煮到十分成熟。就可出鍋。供食了。

不用菜心。單用雞炒。名叫清炒雞。或者用春筍栗子做和頭。也可以的。煮法的祕訣。開始油鍋要用武火煮得熱極出火。否則要發油羶氣的。鹹淡。初時要鹹。將熟時加白糖救濟。纔覺入味。加水要適宜。以浸沒雞塊爲度。用清水不如用調味的雞湯爲美，雞塊要煮得酥熟。加水後須用文火煮爛。若用武火就要湯乾而雞不酥的。

四　炒腰片

用猪腰一對。放入清水中浸半小時。取起剝去外面薄皮。用菜刀剖成四爿。用刀口削去中間的白色筋肉。必須仔細削淨。那末在正面橫劃出許多一分闊的半分深的刀痕。再縱切均匀的薄片。放入清水中漂去血水。浸到血水已淨。取起放在碗中。用半沸的熱水沖入。腰片就發大而清白。臨煑時擠乾水分候用。一面把熟猪油或素油半兩。放入煎鍋中。用旺火煑到出烟冒火。把腰片投入。用鏟刀急急亂抄亂篩。約五六下，先將黃酒加入略抄。卽將食鹽少許。好醬油半兩。葱屑少許。雞湯一碗。（清水也可用的）加入鍋內。若用春筍作和頭。預先剝殼截去老根。切成半寸長三分闊厚的薄片。也於這時下鍋。下鍋的手法愈快愈妙。略抄幾下。把白糖一大匙加入調味。取汁嘗過鹹淡適宜。若然嫌淡則加鹽。嫌鹹則加糖。最後把眞粉餌加入用鏟刀略抄。得汁濃厚。速卽出鍋。要知炒腰片。前後只要抄十八鏟刀。速卽出鏟供食則腰片嫩而鮮美。火候過了。越燒越老。竟有燒成鐵皮一般的。所以要用旺火急抄。出鍋愈快愈嫩。不用和頭的叫清炒腰片。用春筍做和頭的。就叫春筍炒腰片。

五　炒蝦腰

猪腰一隻。去皮筋。切薄片。漂去血水。同上文一樣的。一面用活水晶蝦四兩。擠出蝦仁約一飯碗許。加入冷水少許。使牠放大。一面把葷油半兩。素油也可用的。放入鍋中。煮到極熱出烟。投入腰片。急急用鏟刀抄篩六七下。投入蝦仁。把黃酒半杯從鍋的四圍篩下。火須極旺。聽得柴的一聲有酒香刺入鼻孔。即將食鹽少許。好醬油半兩。調味湯一碗葱屑少許。一併加入。等到鍋中發沸。略嘗鹹淡。嫌鹹多加白糖。嫌淡再加醬油適宜。及白糖眞粉餌少許。用鏟刀攪動。見汁濃厚。速即出鍋。加麻油或醋少許。以快爲妙。遲則蝦腰都要發老不好吃的。

六　炒腰腦

用猪腰一隻。猪腦一個。猪腰的切片漂淨。已見上文。至於猪腦買來。浸在一碗冷水裏。用一段稻草心。捲去外面的紅色血筋。捲到潔白爲度。用淸水滌淨。放入碗中。加黃酒一兩。葱半根。薑一片。食鹽少許。放熱水鍋中蒸熟。取出待冷。切成薄塊候用。炒法。是同炒蝦腰一樣的。也將油鍋煑沸。投入腰片急抄五六下。把猪腦同酒加入。再加入一切的作料。也是和炒蝦腰所用的作料是一樣的不再說了。盛在碗裏。加麻油三滴。另用碟子盛醋供食。

七 炒肉片

猪的夾脊肉六兩。腿花肉也可用的。（要揀薄皮嫩猪剔除羶氣老猪肉）拿快刀先批成二分厚的大片。那末切成一寸長八分闊的薄片。放入二兩黃酒中浸揑片時。用清水漂淨。瀝乾候用。生火肉一兩。削去硬皮及壞的瘦肉。切成與鮮猪肉同樣大小的薄片。香菌五隻。用熱水一杯放開。便卽取起揑乾。截去硬腳。切成細條候用。預備素油（或葷油）二兩。好醬油兩半。白糖一匙。調味鷄湯（或肉湯）一碗。葱一根對折挽結。食鹽少許。眞粉汁兩匙。麻油三滴。煑法。把素油（或葷油）投入煎鍋中。用旺火煑至沸極冒烟。投入鮮肉火肉片。用鏟刀抄篩到鮮肉脫生成白色。加入食鹽醬油香菌、葱、調味湯等煑到發沸。將白糖加入。嘗過鹹淡適宜。方將粉汁。用鏟刀翻抄使和。見汁濃厚。卽可起鍋。加麻油供食了。這樣菜始終要用旺火。攪抄要快速。方覺肉嫩味鮮。油鍋不熱。手法不快。便覺肉老乏味了。

八　炒肉絲

這樣菜。一定要用和頭同炒。格外來得入味。和頭很多。名目隨之而定。頂好吃的叫蟹粉炒肉絲。是用蟹肉作和頭。要大蟹上市纔有這樣菜。還有春筍炒肉絲。冬筍炒肉絲。膠菜炒肉絲。百葉炒肉絲。付干炒肉絲。韮芽炒肉絲。鹹菜炒肉絲等。名目雖多。炒法是差不多的。

猪的腿花肉一斤。不喜吃肥肉的。買二刀坐臀肉。用水滌淨瀝乾。拿快刀去皮。切成約三分厚的薄片。再逆絲縷切成一寸長。二分闊的均勻細絲。放在碗中待用。用筍絲作和頭。最有鮮味。而且春季有春筍。夏季有邊筍。秋冬兩季有冬筍。大約用筍半斤。剝去殼衣。削去老根。先剖作兩爿。切成一寸長的段。再縱切成二分闊厚的細絲。另置碟中待用。預備葷油或素油二兩。好醬油三兩。食鹽半匙。黃酒二兩。白糖一兩。大蒜葉兩根。滌淨撕絲切成寸斷待用。炒法、把油注入鍋中。用旺火煑到沸極冒烟。投入肉絲。急急把鏟亂抄亂篩。使肉絲條條分開。沒有相併黏球。抄篩到脫去生肉的顏色。把黃酒一起向鍋底四圍篩下。急將鍋蓋蓋密。莫使洩氣。煑透揭蓋。拿鹽、醬油、及清水一碗依次加入。用鏟攪和。加入筍絲。加蓋再燒兩透。加入白糖大蒜。並粉膩少許。略炒使和。即可出鍋。加麻油供食。若用韮芽、青辣椒絲作和頭。下鍋較遲。須於加糖前投入。煑透即須出鍋。至於用別種和頭。下鍋的時候。皆與筍絲相同。用膠菜作和頭。約重半斤。剝去外葉。先行煑熟。切成細絲下鍋。用百葉約六張。用沸鹹水泡嫩。放冷水中過淸。切成一寸長的細絲加入。用付干約七塊。批薄切絲下鍋。用蟹粉約半飯碗。下鍋時與筍同。

九　炒松花蹄筋

猪蹄筋十條。也有用牛蹄筋替代。味道少鮮。先用熱水滌淨。次同淸水放入鍋中淡煑到九分軟熟。取起瀝乾。投入沸素油鍋中氽到色黃質鬆用鐵笊籬撈起。浸入溫水一碗同黃酒二兩中片刻。使蹄筋發大而鬆。切成七分長的條子。待用。一面預備冬筍或春筍兩隻。筍小須加多。剝去殼衣。削去老根。先行隔水蒸熟。切成一寸長的薄片。熟火肉薄片半杯。待用。素油（或葷油）一兩。好醬油一兩半。調味鷄湯一碗。白糖一匙大蒜葉一根。切細。眞粉汁一大匙。炒法。把油入鍋。用旺火煑到沸極出烟。投入蹄筋用鏟攪抄片刻。即將熟筍片同火肉、鷄湯、醬油、大蒜。一起下鍋加蓋煑透。去蓋撒下白糖。若然嫌淡。加鹽半匙。把粉膩加入用鏟攪和。見汁漸漸濃厚。卽可出鍋。加麻油三滴供食。若用香菌作和頭。約重一兩。用熱水泡開。切去菌腳。瀝乾切條。下鍋與筍片相同的。

還有炒蹄筋。材料炒法是一樣的。不過蹄筋祇用淡水煮到九分熟。不入油鍋汆鬆。就切成條子同和頭炒成的。質不發鬆味也少鮮。

十　炒肝油

這樣菜是拿猪肚裏的肝油來炒的。用肝油十兩。（不喜吃油、單買猪肝來炒也可以的、）把猪肝切成薄片。放冷水中漂去血水。擠乾。用黃酒二兩浸半小時。取起切成排塊。候用。猪油切塊另置盆中、待用。一面預備和頭。或用鹽菜三兩。揑乾切細。或用胡葱二兩。摘去葱尖葱鬚。用水滌淨切成半寸長的條子。入油鍋中先行炒一透鏟起候用。醬油二兩。鹽一撮。白糖兩大匙。大蒜葉一根。滌淨切細。黃酒三兩。二兩浸肝。一兩下鍋。素油兩半。炒法、將素油入鍋。用旺火燒到沸極起青煙。投入猪肝。用鏟刀一陣亂抄到脫生時。把猪油投入。並注黃酒。再抄片時。加入食鹽、醬油、及清水一碗。用鹽菜或胡葱做和頭的。也在這時候下鍋。加蓋燒透。去蓋。加入白糖抄和。嘗過鹹淡。就可出鍋了。

一一　炒五香肉

這樣炒菜。猪牛羊肉。及鷄鴨肉。都可炒的。因爲要用瘦肉起見。用牛肉最爲合宜。所以五香牛肉各地都有的。材料、用整塊精牛肉一斤。放冷水中滌淨揩乾。用刀切成一寸見方的小塊。搽些淡鹽花候用。葷油或素油二兩。一面預備好醬油兩半。甜蜜醬一大匙。大茴香一隻。花椒一撮。陳黃酒二兩。五樣作料。須放在一隻大碗中候用。就叫做五香牛肉。炒法、把油入鍋。用旺火煑到沸極起青煙。投入牛肉。用鏟亂抄亂篩。炒到八分成熟。把五香作料一起下鍋。改用文火。徐徐煑到作料盡收入牛肉中。見汁已乾。鏟起。放在出風地方。冷透凝固。其味甚香。並且可以經久不壞。別種肉類。炒法是一樣的。

一三　淸炒魚翅

魚翅、是鯊魚的肉翅。中國肴菜中推牠爲第一樣美味。不過鮮味全在調味的鷄湯同和頭。牠的名目。有淸炒、紅炒、蟹粉炒、蝦仁炒、肉絲炒、魚脣炒等分別。各有一種鮮味。這樣菜煑法不難。難在放軟的手續。一併寫牠出來。烏勾一隻向海味店裏先幾日買回來。放在湯鍋裏。加滿冷水。用文火加蓋煑幾透。等到熱度稍透。去蓋。用小刀刮去兩面的砂皮。落手宜輕。以防刮浮魚翅。砂皮去淨。刮去根脚上的肉筋。注意不要刮落翅肉。還須刮得乾淨。那末移放深口瓦缸中。加滿冷水。浸一日夜。魚翅漸漸放大綻裂出來了。再移放熱水鍋中。用文火燒兩三透。等待水的熱度減退一半。去蓋。用手抽去大小骨管。不可遺留一根。再放淸水缸中浸漂。翅條纔見明淨。方可待用。先預備和頭魚脣一斤。這是魚翅根腳旁邊的皮。名叫皮刀圈。味極肥厚。不過也要放軟剖皮。須和魚翅一同買來。同鍋煮放。一同刮去砂皮待用。麻菇三隻。熱水放開。去腳滌淨切塊待用。熟的火肉筍片、各四片。約半寸長。五六分闊。是鋪在翅面上的。食鹽一大匙。黃酒二兩。眞粉汁少許。白湯雞肉汁一大碗。麻油二錢。炒法、魚翅已經煮透放綻。不能再經火工。下鍋要遲。早下鍋要融化的。先將白湯雞汁入鍋煮沸。次將魚唇加入煮沸。（若用蟹粉或蝦仁作和頭。也在這時下鍋。也要預先整備。用拆出的蟹粉四兩。或擠出的蝦肉五兩。）拿黃酒加入。並加食鹽。略煮。嘗過鹹淡適宜。那末把魚翅、麻茹下鍋。用文火徐徐煮透、速將粉膩加入。用鏟攪和。見汁濃厚。即可起鍋。盛在碗內。澆上麻油。把火肉片筍鋪在上面。就可供食了。炒魚翅始終要用文火。魚唇也易融化。蝦仁過火即老。下鍋宜遲。鍋中若嫌汁乾。可以加入調味白雞湯救濟的。

一三　紅炒魚翅

魚翅的紅炒清炒煑法是一樣的。也用烏勾一隻作主料。放的法子。已見上文。和頭、買猪肉六兩。喜吃肥的用腿花。喜吃精的用坐臀。用冷水滌淨。橫批成薄片。縱切成最細的條子。名叫羊毛肉絲。預備作料。紅湯鷄肉汁。黃酒二兩。醬油一兩白糖一匙。眞粉汁一小匙。麻油少許。熟的火肉片筍片各三片。香蕈四隻。熱水放開去腳滌淨切絲待用。炒法、先把肉絲投入沸油鍋中。用鏟亂炒到脫生。注酒入鍋加蓋。立卽去蓋。把紅湯鷄汁加入煑沸。加入醬油白糖。嘗過鹹淡適宜。方把魚翅香蕈加入。用低文火徐徐煑透。加入粉膩。用鏟略攪。見汁濃厚。卽可盛在碗中。注入麻油。鋪上火肉片同筍片。就可供食了。

一四　炒青魚

青魚的炒法。有幾種分別。用尾鰭炒的。叫做炒豁水。用魚肚炒的。叫做炒肚當。用頭尾炒的。叫做炒頭尾。用背肉和酸醋炒的。叫做炒醋魚。味道不外鮮肥兩字。材料青魚一斤。魚攤上有開片青魚出售的。要頭尾買頭尾。要肚當豁水。買肚當豁水。拿回來用冷水滌淨。削去魚鱗。切成小塊。用半兩黃酒半兩醬油、及葱薑、淯浸待用。熟膠棻二兩。切成小片備作和頭。作料素油二兩。黃酒二兩。好醬油二兩。大蒜葉一根。滌淨切絲。白糖十匙。麻油、砂仁末各少許。眞粉膩少許。酸醋半杯。這是炒醋魚用的。別種炒法可免去。喜吃醋的。臨吃加入炒法、把素油（或葷油）注入鍋中。用旺火煑到沸極起青烟。把淯浸的魚塊撈起瀝乾。投入鍋中用鏟翻抄到脫生。把兩半黃酒從鍋的四邊急急倒下。速把鍋蓋蓋密。莫使洩氣。使酒味盡入魚塊中。霎時去蓋。注入兩半醬油同一碗淸水。煑沸。加入白糖砂仁末。同膠棻。略攪使和。嘗過鹹淡。加入粉膩。徐徐攪抄。見汁濃厚。加入大蒜絲麻油。卽可出鍋了。各種炒魚都是一樣煑法的。惟炒醋魚。酸醋在下粉膩之前加入的。

一五　炒卷棻

這樣菜是用青魚肚裏的腸雜炒的。所以叫做卷菜。又名炒魚雜。和頭可用菜心、或是粉皮、豆腐買青魚肚雜一副。拿回來把剪刀剪開肚腸。放冷水中滌淨腸垢及血污。取起瀝乾剪成小塊。摻上鹽花待用。素油一兩。（魚雜極肥不宜再用葷油；）黃酒二兩。鹽少許。醬油二兩。白糖一大匙。大蒜葉二根。滌淨撕絲切斷。和頭粉皮三張。切成八分長。四分闊的長條。放沸水中加鹽少許。揑清粉氣待用。若用上菜心六兩作和頭。放多量冷水中滌淨先行放熱水中煮八分熟。取起瀝乾切塊。若用豆腐兩塊作和頭。放冷水中漂去石膏氣。取起放笊籬上瀝乾。切成小塊待用。和頭只用一樣。聽吃客選中那一樣。炒法。把油入鍋。煮到沸極起青烟。投入魚雜。用鏟緩緩翻抄到脫去生的顏色。把黃酒向鍋底四圍注入速速加蓋。使酒味盡入魚雜中。霎時去蓋。加入鹽、醬油、清水一碗、及和頭等煮兩透。加入白糖炒和。嘗過鹹淡。就可出鍋加上大蒜絲供食。須乘熱吃。冷卽發腥。這樣菜好在油而肥。在剪腸洗滌。切不可把魚腸拉直。一經拉直。腸油盡行脫落。只可隨彎到彎的剪去。洗滌切不可用手指去剝刮。只要在清水中輕輕滌去腸中的浮垢就好了。

一六　炒蟹粉

這樣菜是秋冬兩季的美味。炒法祇有三種。不用和頭的。叫做清炒蟹粉。同蝦仁炒的。叫做蝦吃蟹。同肉絲炒的。叫做肉絲蟹粉。至於蟹粉魚翅。僅用少許蟹粉作和頭。當作別論。材料雌雄蟹各一隻。滌淨用稻柴束住蟹脚。隔水蒸熟。拿殼揭開。細細拆出肉和黃來。待用。葷油或素油三兩。醬油二兩。鷄汁一碗。陳酒二兩。白糖少許。（清炒不用糖）大蒜一根。滌淨切絲。麻油少許。水晶蝦半斤。擠出肉來。這是蝦吃蟹的和頭。腿花肉二兩滌淨切成細絲。這是肉絲炒蟹粉的和頭。醋半杯臨吃用的。炒法。把油入鍋。用旺火煮到沸極起青烟。把蟹肉連和頭一併下鍋。用鏟亂抄幾下。把酒注入加蓋。旋卽去蓋。把醬油鷄汁加入用急火煮一兩透。嘗過鹹淡。把大蒜麻油加入攪和卽可出鍋供食了。清炒、及同蝦炒。過火即老。出鍋宜早。同肉絲炒的法子。已見上文炒肉絲羨法中。不再說明了。

一七　炒假蟹粉

炒蟹粉味鮮而人人愛吃。不過蟹不是終年有的。譬如在春天。吃客上館子點菜要蟹粉。只好用這樣菜來餉客。材料。鱖魚一條。約重一斤。破肚去雜滌淨。拆去魚骨及頭尾。放在碗中加黃酒一兩及葱一根薑一片。先行隔水蒸熟。鷄蛋三個。先破一小孔。瀝去白。用蛋黃傾在碗裏。加酒三滴。用筷調和，放些葷油在煎鍋裏。用文火燒着。把蛋倒下。用鏟亂篩。使牠欲離不得欲聚不能。見牠脫生。便即鏟起待用。這是假充蟹黃的。並備葷油或素油三兩。醬油一兩。好黃酒二兩。鷄汁一碗。大蒜一根。滌淨切細絲。白糖一撮。麻油少許。酸醋半杯。不喜吃醋的不用。炒法、把葷油入鍋羨到沸極起青烟。投入魚肉。用鏟亂篩二分鐘。使魚肉零落像蟹粉一般。拿黃酒向鍋底四圍篩下。速即加蓋。爐中始終要用急火。

使酒味鑽入魚肉中。悶兩分鐘去蓋。加入蛋黃、鷄汁、醬油、燒牠一透。加入白糖調味。把大蒜加入。卽可起鍋。加麻油供食。喜吃醋的。臨吃加入。味道和眞蟹粉是一樣的。不過要買新鮮鱖魚。宿的鮮味減少不可用。

一八 炒鱔和

這樣菜是蘇幫館子裏的著名佳肴。用黃鱔肉來炒的。在小暑天氣吃這樣菜。非但味道絕妙。且能溫衷煖肚。材料、用活黃鱔二斤。一起投入熱水鍋中。加蓋燒兩透。用筷離撈起瀝乾。放長木板上。用小蚌殼向頭下沿背脊骨直劃到尾下。每條鱔劃作三條。用刀切斷每段約長一寸。必須臨吃時備用。葷油或素油四兩。醬油二兩。食鹽一撮。陳黃酒二兩。白糖一小匙。鷄汁一碗。砂仁末一錢。葱薑屑各一匙。眞粉一小塊用冷水化開候用。麻油少許。熟火肉一兩。切成細粒。這是起鍋時摻在碗面上的。炒法。把油入鍋。用旺火煮到沸極起青烟。投入鱔絲同葱薑屑。用鏟急急亂抄五分鐘。把黃酒向鍋底四邊篩下。隨手加蓋。火力宜旺。霎時去蓋。加入食鹽醬油鷄汁。加蓋用文火燒到肉爛爲度。用鏟撩一根鱔絲嘗過。若嫌生硬。加蓋再煮片時。那末去蓋。加入白糖嘗過鹹淡適宜。下粉膩用鏟略攪。即可起鍋。盛在碗裏。鋪上火肉屑。並加麻油砂仁供食。這樣菜。難在開始劃鱔絲。燒來太生。劃不下。燒來太熟。又覺疏落劃不成長絲。所以要特別留意炒的祕訣。火力要先武後文。鱔絲要燒得酥。汁要濃厚。如果先已燒乾。可以調味鷄肉湯救濟。

一九　炒蝦仁

這樣菜。單用蝦肉來炒。叫做清炒蝦仁。用和頭炒的。隨和頭定名。如筍炒蝦仁。白菜炒蝦仁。菜心炒蝦仁。茭白炒蝦仁。和頭不宜多用。炒法是差不多的。買水晶蝦二斤。擠出肉來待用。葷油或素油一兩。食鹽一匙。黃酒一兩。白糖少許。麻油一錢。鷄汁半杯。眞粉汁少許。以上是清炒的作料。用和頭。嫩筍一隻。去殼衣。隔水蒸半熟。去老根。切成薄片待用。或用嫩茭白兩根。隔水蒸半熟切片待用。熟白菜一兩切成小塊待用。炒法、把油入鍋。用旺火煑到沸極起青烟。投入蝦仁。用鏟亂抄亂篩三分鐘。把黃酒向鍋底四邊篩下。隨手加蓋。不必去手。一剎那揭蓋。把食鹽鷄汁加入。若用和頭。也在這時候下鍋。等到煑透。加下白糖。略攪嘗過鹹淡。下粉膩少許。就可起鍋加麻油供食了。起鍋要早。蝦仁鮮嫩可口。遲則變老不好吃了。

二〇　炒油蝦

這樣菜。取其乾淨。雖在暑天。也可存放兩三天。不變味。那時最好的下酒物。買水晶蝦半斤。剪去芒腳。用水滌淨。放箂籮中瀝乾待用。素油四兩。陳酒二兩。食鹽一匙。醬油三兩。麻油一錢。炒法。把素油入鍋煑沸。拿蝦一起倒入鍋。用鏟不絕手亂抄四五分鐘。加入鹽酒。抄到蝦壳全行脫生泛紅。卽可起鍋。用醬麻油拌食。也可把醬油下鍋。收入蝦中。出鍋卽可供食。不過在暑天不能經久存放的。

二一　炒大蝦

這樣菜是用各種和頭同帶壳蝦來炒的。有茭白炒蝦。黃箭炒蝦。絲瓜炒蝦。豆腐炒蝦。韮菜炒蝦毛豆子炒蝦。等名目。是普通家常菜。炒法因和頭而稍有不同。買水晶大蝦半斤。剪去芒脚。滌淨候用。素油、黃酒、好醬油各二兩。食鹽少許。白糖一匙。各種和頭分量。鮮毛豆六兩。剝去壳和衣。茭白三根。剝去壳滌淨。切成小塊。絲瓜一條。刮去外衣。切成長方小塊。韮菜或韮芽一把。用水滌淨。切成寸段。小黃筍一隻。剝壳去老根。切成小塊和頭只用一樣。沒有及時的蔬菜。用豆腐一塊。瀝乾水分。切成小塊。先入少許油鍋中煎黃鏟起候用。他種和頭。也要先入鍋炒熟鏟起。揩淨煎鍋。把油倒入。用旺火煑沸。投入大蝦。用鑊抄到脫生。把酒向四邊篩下。略蓋卽揭去。加入和頭醬油鹽和淸水一碗。煑一透。加入白糖。卽可起鍋供食。炒蝦不可加蓋燜煑。燜則肉爛味劣不好吃了。

二三　炒海參

海參有兩種炒法用肉絲嫩筍干絲作和頭的。是家常席面上用的。名叫肉絲海參。一種用乾蝦子同炒的。名叫蝦子海參。是四川館子裏的著名佳肴。今將肉絲海參的材料和炒法寫牠出來。海參二兩。預先幾日買回來。放熱水鍋中用文火煑兩透。浸一夜。撈起放在深口缸裏。加滿冷水。浸放三日。海參漸漸放大了一倍。用剪刀剪開一面。刮去肚中的泥砂。並外皮上的泥垢。再放熱水中煑兩透。浸一夜。移放冷水缸中待用。臨時取起揩乾。切成寸半長五分闊的條子。頂好的大玉參買來乾的只有大拇指粗細。長不滿二寸。可以放到七八寸長。手臂粗細哪。猪的腿花肉半斤。橫批成薄片。縱切成一寸長二分厚的肉絲。嫩筍干二兩。預先放在冷米泔水浸五六日。浸到發胖軟爲度。天熱、米泔水每日更換。天冷米泔水缸須放在竈間或柴間裏。若然冰凍。必須更換。臨用時筍干仍嫌堅硬。可放熱水鍋中燒牠兩三透。燜一二小時。再燒牠兩透。再燜多時。一定發胖軟。取起。用快刀橫批成二分厚的薄片。縱切成二分闊的細絲。素油或葷油六兩。好醬油四兩。黃酒二兩。白糖一兩。鹽一撮。肉汁一碗。大蒜葉一根。滌淨撕絲切斷。葱一根。滌淨對折挽結。老薑一片。砂仁末麻油各少許。炒法、把油入鍋。用急火煮到沸極起青烟。拿海參同肉絲及葱薑一起投入。用鏟亂抄十分鐘光景。拿酒向鍋底四邊篩下。隨手加蓋。使酒味盡入海參肉絲中不會洩去。霎時去蓋。加入肉汁、醬油、筍干絲等。改用文火。煮牠五六透。汁乾。加、添肉湯見海參筍干都已煮爛。加入白糖攪和。加入大蒜絲。即可起鍋。加砂仁麻油供食了。若用蝦子作和頭。蝦子與酒同時下鍋的。

二三　炒田鷄

田鷄肉鮮而嫩。勝過鷄肉。因牠是益蟲。有的人不忍吃牠。牠的炒法有幾種。用嫩筍炒的。叫做嫩筍炒田鷄。用毛豆子炒的。叫做毛豆子炒田鷄。材料、出白田鷄一斤。（現在網船家出買田鷄。先已剝皮破肚。吃客可免一番殘酷宰殺的手續。不過牠是專食害稻蟲類的益蟲。多留一隻活田鷄。要少卻許多傷稻的害蟲、官禁不如私禁。世人能夠大家戒食田鷄。網船家捕殺後。無人購買自然不再去捕殺了。）放清水中滌淨。剪去足尖。剪成幾段。瀝乾待用。素油或葷油二兩。黃酒一兩。醬油兩半。白糖、麻油、葱薑屑各少許。鷄汁一碗。和頭用嫩筍去殼切片一飯碗。或用剝去筴的嫩毛豆子半碗。或用五香豆腐干六塊切成薄片待用。炒法。注油入鍋。用烈火煑到沸極起青烟。拿田鷄同葱薑投入。用鏟徐徐翻抄。見牠爆透。把酒向鍋底四邊篩下、隨手加蓋。霎時揭去。把醬油、鷄汁和頭等一起加入。燒牠兩透。加入白糖調和鹹淡。即可起鍋。加少許麻油供食。這樣菜汁要緊。味道要淡。格外覺得鮮美了。

二四　炒魚肚

這様菜有兩種名目。一種用鷄絲作和頭的。叫做鷄絲炒魚肚。用筍來做和頭的叫做嫩筍炒魚肚。炒法很容易。難在放炸。放不得法。就要炸汆不鬆。只有徽州幫館子裏烹調得法。魚肚入口鬆軟。味道也比京蘇館子裏燒來好吃。材料用魚肚一隻（海味店出售的）拿回來放熱水鍋中煑一透。燜半日。取起如已發軟。用刀切塊批薄。如未發軟。用冷水浸放到發軟爲度。拿來批薄瀝乾。投入素油鍋中炸汆至全體發鬆。用鐵絲笊離撩起。瀝去油分。盛器中待用。作料葷油二兩。食鹽一匙。黃酒二兩。鷄汁湯一中碗。鷄脯膛肉一兩。切成一寸長。三分闊的鷄絲。葱一根。滌淨對折挽結。麻油少許。炒法、注油入鍋。用急火煑到沸極。起青烟。投入鷄絲。用鏟亂抄成熟。投入魚肚同葱。用鏟輕抄五六下。把黃酒向鍋底四邊倒下。隨手加蓋使酒味入魚肚中。旋卽去蓋。把食鹽摻在上面。加入鷄汁。再煑兩透卽可起鍋。加麻油供食。用嫩筍做和頭。可與魚肚同時下鍋。這樣菜全在魚肚杀得鬆。湯汁要寬。那末汁中的鮮味鑽入魚肚中。格外來得好吃。起鍋遲早無關重要。汁多多煑一兩透也可以的。不過加入鷄汁後。要用文火徐徐煑透。方覺入味。

二五　炒黃菜　（又名硫黃蛋）

這樣菜的主料是鷄蛋。炒不得法。變成炒蛋。不好吃了。炒來得法。顏色像硫黃。全體凝聚。好像一圓塊鷄蛋糕。別有一種肥嫩的味道。只有廣東宵夜館裏。炒來頂得法而頂好。不過要熱吃。稍冷就覺不好吃了。和頭用干貝二兩。放在碗裏。加下二兩黃酒。先行隔水蒸熟。拆成細絲待用。或用二兩蝦仁待用。主料用鷄蛋六個。破壳傾在大碗裏。用竹筷調和。把干貝或蝦仁加入拌和。黃酒一兩。鹽一茶匙。一同加入蛋碗中調和。淸白葷油四兩。炒法、把葷油入鍋。用急火煑到沸極起青烟。投入調和的蛋汁。急急用鏟一陣亂篩。使蛋汁各自分離成細絲。不許牠拌塊。篩到脫生。速即起鍋。這様菜的好處。全在乎鬆嫩。所以炒的手法要靈活。稍一遲緩。就要炒出蛋塊來。且不可用醬油。一用醬油顏色就要不好看。又不可用水。

二六　炒三鮮

這様菜。各幫館子裏都有的。用鷄塊、猪肉圓、青魚塊三様為主料。故稱三鮮。和頭用海參、氽鬆的魚肚。竹筍片。香菌絲等。用切成一寸長四五分闊的熟鷄塊、熟青魚片、各四五塊。熟的肉圓子三個。魚肚五六塊。或海參半隻切成條子。嫩筍六七斤。放好香菌兩只。去腳切絲。把主料和頭放在一隻碗裏。拿葷油二兩入鍋。用急火煮到沸極起青烟。把和頭主料一起下鍋。拿鏟亂抄亂篩。約五分鐘光景。拿黃酒二兩向鍋底四邊篩下。隨手加蓋。霎時揭開。把醬油二兩。鷄汁湯一碗。葱屑少許加入。加蓋煮兩透。去蓋。摻下白糖一匙。

用鏟拌和。嘗過鹹淡。嫌淡。加少許食鹽。下眞粉膩少許。見汁濃厚。即可起鍋。注麻油三四滴供食。

二七　炒羅漢辣糊

這樣就是家常的炒醬。不上館子的。因爲用着幾色有鮮味的和頭。纔叫牠羅漢辣糊。材料用甜蜜醬一飯碗。頂好要用自家做的甜醬。醬園醬味道不好。辣糊醬一大匙。喜辣的加多一二倍。精猪肉半斤。滌淨切成小骰子塊。放一升冷水鍋中煮兩透。用笊籬撈起。清水冲去渣屑。瀝乾候用。干貝二兩放碗中。加黃酒二兩。預先在飯鍋上蒸熟候用。嫩冬筍一隻。去殼隔水蒸熟。切成小塊。扁東二尾。就是大蝦米。剝去留存的脚及蝦殼。用酒浸胖。五香付干四塊。切成小骰子塊。陳酒二兩。白糖一兩。葷油或素油二兩。炒法、注油入鍋。用急火煑到沸極起靑烟。投入猪肉。用鏟亂抄到熟透。把干貝、扁東。冬筍、付干等一起下鍋。翻抄六七下。拿黃酒向鍋底四邊篩下。隨手加蓋。霎時去蓋。加下甜醬。改用文火。用鏟攪抄十分鐘。加下白糖再抄五分鐘。加下辣糊。徐徐攪抄。抄到辣氣上透。和氣酥熟。卽可起鍋。炒這樣菜。爐火要先武後文。攪抄要先急後緩。不要用鹽和醬油。喜甜的重用白糖。喜辣的重辣糊。冬天預備這樣菜。可以存放一個月不變味。還可把猪肉塊煑熟了。同各種和頭放在甜醬碗裏。加入辣糊。放飯鍋上蒸熟。味道也是很好的。隔了幾天。須放飯鍋上還蒸。就是炒的經過幾天。也要還蒸一次。

二八　炒鷄鬆

這樣是乾菜。味道很好。在六月裏。也可以經久不壞。材料、用童子鷄一隻。宰割去毛血。破肚去腸雜。滌淨去頭頸及脚。剖作兩爿。放瓦盆中隔水蒸八分熟。拿來拆去皮骨。裝入布袋。擠去水分。待用。濃汁半杯。（這是用好醬油三兩。白糖一中匙。葱汁薑汁各一小茶匙。大茴香一隻。一起入鍋。煎兩透。盛在杯裏。去茴香。待用）拿葷油四兩。注入鍋中。用急火煮到起青烟。投入鷄肉。改用極微的文火（火稍旺。鷄肉就要發焦的）拿鏟徐徐攪抄到水分逼乾。鷄肉的纖微全行蓬鬆。加入半杯濃汁。用鏟徐徐攪抄焙乾。即可起鍋了。

二九　炒肉鬆魚鬆

這兩樣菜的炒法。和炒鷄鬆是一樣的。不過主料的整備手續是不同的。炒肉鬆。買猪的坐臀肉一斤。那是全精肉。用水滌淨。揩乾。置敞盆中。篩上二兩黃酒。放甑上蒸熟。取出裝入布袋中。擠去水分。待用。炒魚鬆。買青魚一條。切去頭尾。刮除魚鱗。挖去腸雜。用冷水滌淨。揩乾。用刀自背而下。剖作兩爿。置敞盆中。潑三兩黃酒在上面。放甑上蒸熟。折去皮及粗細魚骨。要用大青魚。小青魚細骨多。不易拆淨的。放入布袋中。擠去水分。候用。預備葷油四兩。濃汁半杯。炒法、同炒鷄鬆完全無二。不必再說了。

三〇　炒魚片

用青魚背肉六兩。滌淨。切成三分厚。長約一寸的魚片。用黃酒葱薑鹽花浸片時。冬筍一隻。去殼切成同樣大小的薄片。香菌三隻。熱水泡開。去脚切塊。鹽一撮黃酒二兩。鷄汁一碗眞粉汁少許。麻油一錢。葷油二兩。炒法、注油入鍋。用急火煮到沸極起青煙。投入魚片。用鏟輕輕翻抄三分鐘。把酒向鍋底四邊篩下。隨手加蓋。霎時去蓋。加入筍片。鷄汁、食鹽。煮牠兩透。下粉汁攪和。即可起鍋加麻油供食。

三一　炒香蕈

這樣雖是素菜。別有一種美味。所以各幫館子裏都有。不限定素席用牠。就是上等魚翅席上。也有用牠做熱炒的。用香蕈三兩。浸一碗熱水放開。去硬脚滌淨浮屑揀大的切成兩塊。小的不用切。放香蕈水濾去滓屑候用。素油二兩。好醬油二兩。麻油一錢。白糖一小匙。眞粉汁少許。粉膩不用亦可。炒法。注油入鍋。用烈火煮到沸極起青煙。投入香蕈。用鏟亂抄幾分鐘。拿醬油及放蕈水倒入煮牠一透。加入白糖調和鹹淡。卽可起鍋。加麻油供食。這是淨素淸炒。或用葷油起油鍋。加鷄汁湯同炒。須下粉膩。各有各的鮮味。還有用少許嫩筍片火肉片作和頭炒的。味道不及淸炒來得好吃。

三二　炒麻菇

麻菇、一名冬菇。是素菜中頂鮮的東西。上等素席用牠作主菜的炒麻菇。用麻菇二兩投一碗熱水中放開。去脚切成薄片。放麻菇水很鮮。濾去脚屑。備作調味湯。用香蕈六隻。與麻菇一起放開。去脚切塊。嫩扁尖一兩。用少許沸水放開。去老根。撕成細絲。切成寸段。素油二兩。好醬油二兩。麻油一錢。白糖一撮。炒法。拿油入鍋。用急火煮到沸極起青煙。

投入麻菇香蕈。用鏟急急攪抄幾下。把扁尖、醬油、放麻菇香蕈的水。一起下鍋。煑牠兩透。加入少許白糖。見湯汁濃厚。就可起鍋加麻油供食。吃這樣菜。取牠淸鮮之味。不必用粉膩的。

三三　炒腴肉

腴肉。也是素菜中的上等美味。價値與麻菇相等。炒法也差不多的。用腴肉二兩。放軟切成薄片。香蕈五隻。放開去脚切塊。嫩筍一隻。冬筍春筍一樣用的。去殼削去老根。切成五六分長的薄片。素油二兩。好醬油二兩。麻油一錢。白糖一撮。酸醋一小匙。眞粉膩少許。炒法拿一兩半素油入鍋。用旺火煑到沸極起青煙。投入腴肉。用鏟急急亂抄亂篩。見腴肉脫生。鏟起置盆中待用。因爲腴肉過火就要痒化。必須起鍋。把賸餘的油下鍋。煑到極沸。把香蕈筍片投入。攪抄到脫生。把腴肉加入。拿醬油、同調味水一碗下鍋。用文火燒牠一透。加下白糖。調和鹹淡。注少許粉膩。（素菜以少用粉膩爲妙）並少許酸醋即可起鍋。加麻油供食。炒這樣菜當心火力。炒得過火腴肉就要烊化的。

三四　炒新蠶豆子

蠶豆長綻了。便成家常蔬菜不好吃了。要在立夏前。新蠶豆初上市的當兒用和頭炒來作下酒物。別有一種風味。用新鮮蠶豆子一碗。（買新鮮蠶豆。用右手指夾住豆莢。用力折斷。擠出一碗豆子來。待用。）火腿二兩。去皮及壞肉。批成薄片。橫切成二分闊的長條。豎切成小骰子塊。春筍一隻。去殼。削去老根。橫豎切成小骰子塊。素油二兩。白糖一兩。鹽一中匙。麻油少許。炒法。拿油入鍋。用旺火煑到沸極起靑煙。投入蠶豆子。用鏟翻抄到脫生。加入火肉春筍同鹽。再抄幾下。撇下一碗淸水。隨手加蓋。煑兩透。去蓋。摻下白糖。用鏟攪和。即可起鍋。加麻油供食了。

三五　炒辣茄

這樣菜、不能單獨炒的。和頭葷的用猪肉絲。素的用五香豆腐干同毛豆子。買青辣茄六兩。滌淨破開。挖去子切成條子。辣茄辣在子。去子辣味減去十分之八。腐干四塊。切成細絲。嫩毛豆六兩。剝去殼用子。若用肉絲作和頭。精猪肉四兩。滌淨。切成細絲候用。嫩扁尖一兩。用熱水一碗。浸泡半日。取起撕絲切段。浸扁尖水待用。素油一兩。醬油二兩。鹽少許。白糖一大匙。麻油少許。若用肉絲。加黃酒一兩。炒法。注油入鍋。用急火煮到沸極起青煙。投入腐干、毛豆子扁尖。一陣攪抄。若用肉絲作和頭。也是先下鍋抄熟。篩酒加蓋。霎時去蓋。投入辣茄。拿醬油鹽同泡扁尖水下鍋煮一透。加入白糖調和鹹淡。即可起鍋加麻油供食了。

三六　鍜魚炒蛋

這樣菜。只在三四月。因爲鮮銀魚不是終年有的。買鮮銀魚六兩。滌淨待用。鷄蛋六個。鴨蛋也可用的。破、殼倒在碗裏。加食鹽半匙。用竹筷調和。素油二兩。醬油二兩。黃酒二兩。葱一根滌淨折挽。白糖一撮。炒法。注油入鍋。用急火煮到沸極起靑煙。投入銀魚用鏟徐徐抄翻到脫生。拿蛋汁倒在銀魚上。徐徐篩抄。見蛋凝聚脫生。拿黃酒向鍋底四邊篩下。隨手加蓋。霎時去蓋。把醬油、葱、並淸水一碗加入。加蓋燒兩透去蓋。摻下白糖調味。嫌淡加鹽少許。就可起鍋加麻油供食了。

三七　銀魚乾炒肉絲

銀魚無鱗骨腸雜而鮮潔。人人愛吃。鮮銀魚只有初夏一時。銀魚乾海味店裏終年有的。買三兩銀魚乾。先用熱水泡軟。擠乾水分。候用。精猪肉六兩。滌淨批薄片。橫切成二分闊的細絲。豎切成寸段。素油或葷油三兩。好醬油二兩。鹽少許。黃酒三兩。白糖一兩。嫩扁尖兩根。浸沸水中泡軟。撕絲切斷。香蕈三隻。和扁尖一同放開。去脚切絲。放扁尖水。濾其渣屑。用作調味湯。葱一根滌淨折挽。薑一片。麻油一錢。炒法、把油入鍋。用急火煮到沸極起青煙。投入肉絲。用鏟亂抄。一見肉色脫生。即把銀魚乾同葱薑投入攪抄片刻。把黃酒向鍋底四邊篩下。隨手加蓋。使酒味鑽入魚肉中。霎時去蓋。把扁尖、香蕈、醬油、鹽、放扁尖水一起下鍋。加蓋煮到肉絲魚乾酥熟。若嫌汁乾。添入清水救濟。最後去蓋。摻下白糖。調和鹹淡。這樣菜宜稍鹹。來得入味。可加醬油調味。見汁濃厚。即可起鍋加麻油供食。取牠味道清鮮。所以不下粉膩。可與蟹粉炒肉絲比美。不過銀魚乾堅硬異常。只怕泡不軟。預先用沸水泡片時擠乾。放在碗裏。加黃酒二兩。老薑一片。葱一根挽結。放在飯鍋蒸透取起。那末炒的時候不嫌堅硬了。爆炒時火力要旺。加水燜煮時要改用文火。要用好黃酒。下酒時要用烈火。加蓋宜密。莫使酒味走洩。

三八　炒蕈子

蕈都是野出的。在黃梅天氣出售的極多。不過無毒不生蕈。含毒氣的多。只有松樹根旁產生的叫做松樹蕈。毫無毒氣。價值也頂貴。蕈全體作咖啡色。稍帶深青色。纔是眞松蕈。用四兩。放入一盆清水中浸半小時。每隻拿在手中。摘除蕈腳。細細檢視。有無小蛀蟲鑽在背面的蕈肉中。有必帶肉摘除。全體揀淨了。換清水兩盆滌淨。放在笊籬中瀝乾水分。開發的大蕈。用手指分成兩爿或四爿。小蕈子囫圇用。素油二兩。好醬油二兩。老薑一塊。滌淨切成薄片。鹽一撮。黃酒一兩。白糖一匙。麻油一錢。眞粉膩少許。這是清炒的作料。若用和頭。熟火肉一兩。切成半寸長。三分闊的薄片。嫩筍邊一隻。去殼。削去老根。切成薄片候用。炒法。把油入鍋。用急火煑到沸極起青煙。拿蕈子同薑片投入。急急用鏟亂抄到脫生。把黃酒向鍋底四邊篩下。隨手加蓋。霎時去蓋。加入醬油、鹽、並清水一碗。若用和頭。一起加入。改用文火。煑到蕈子熟透。摻下白糖調味。注入粉膩少許。見汁濃厚。即可起鍋。老薑用以去毒。出鍋時可以除去。加麻油供食。

三九　炒野鷄

野鷄的味道。肉酥味鮮。拿牠炒作下酒物。可稱其味無窮。不過野鷄都是用鳥鎗打死的。買的時候要注意。有的日子隔得久了。腹中已經發臭。炒出來少鮮。要揀不曾變臭的整隻野鷄買來。帶皮去毛要得法。先將兩腳下端的皮劃開。用手拿牢連皮帶毛。由下向上。撕到尾部要留意。莫放牠有皮毛帶住。也不可以連肉撕脫。徐徐撕到鷄頭爲止。用剪刀向鷄頭下剪斷。拎着頭一洒。仍舊像一隻整鷄。皮卻全行剝去了。如果自家不會剝皮。可叫野味店夥。或賣野味的代剝。拿剝白野鷄。破開腹部。用冷水滌淨瀝乾。切成半寸見方的整塊。摻上少許淡鹽花。候用素油或葷油六兩。（用油量隨鷄身大小而定。大的多用油。小的少用油。以能夠爆透鷄肉爲度。）好醬油五兩。黃酒四兩。調味鷄湯一碗。白糖兩半。鹽一小匙。老薑一塊滌淨切厚片。葱一根滌淨折挽。大茴香兩隻、眞粉一塊。用冷水化開。麻油一錢。炒法、把油入鍋。用旺火煑到沸極。投入野鷄肉。同葱薑用鏟不絕手翻抄到肉色脫生。把黃酒向鍋底四邊篩下。隨手加蓋。霎時去蓋。把醬油、鹽、大茴香、鷄湯一大碗。（無鷄湯清水也可用的、）一起下鍋。改用文火。煑半小時。以鷄肉酥熟爲度。注意鍋中汁乾。須加添清水。否則鷄肉要燒焦的。鷄肉煑酥。去蓋加入白糖。煑一透。嘗過鹹淡。如見汁已濃厚。不必下粉膩。可以經久不變味。若然汁多。下一些粉膩。汁就變厚。卽可起鍋。加麻油供食了。

四〇　炒瓜丁

這樣菜是夏季的冷盆。專供下酒吃粥用的。買精猪肉半斤。滌淨。放入湯鍋中注些黃酒。加水一升。葱一根。燒牠一個沸透。取起。用清水冲淨浮沫。瀝乾。切成三分見方的小丁子塊。甜醬瓜兩條。切成二分見方的小塊。好醬油兩半。黃酒二兩。白糖一兩。鷄湯半碗。

眞粉膩少許。素油二兩。炒法、把油入鍋。用旺火煑到沸極起青煙。投入肉塊。一陣亂抄。加下黃酒。隨手蓋密。霎時去蓋。把醬瓜、醬油。鷄湯一起下鍋。改用文火。燒到肉塊酥熟爲度。加下白糖調味。下粉膩少許。用鏟攪和。見汁濃厚。卽可起鍋了。

四一　炒食拌

這樣菜是京幫館子裏的著名美味。價值和炒魚翅相同。味道比較魚翅還要好吃。材料用散翅一飯碗。（就是放時散落下來的魚翅。放好的海參一隻。切成和魚翅差不多粗細長短的薄絲。生鷄脯膛肉一塊。生竹筍一隻。去殼削去老根。各切成二分闊厚。寸半長的細絲。熟火肉一兩。切成同樣粗細的細絲。香蕈五隻。用熱水放開。去脚切成同樣粗細的條子。以上六樣是主料。作料、葷油二兩、黃酒二兩。鷄湯一碗。鹽一茶匙。白糖一匙。麻油二錢。葱屑少許。眞粉膩少許。炒法、注油入鍋。用急火煑到沸極起青煙。先投入鷄肉海參。用鏟翻抄到脫生。投入筍絲、香蕈絲、火肉絲。再攪抄到熟透。投入魚翅。把酒向鍋底四邊篩下。隨手加蓋。霎時去蓋。加下食鹽同鷄汁湯葱屑等。徐徐煮透。摻下白糖少許調和鹹淡。注入粉膩少許。使汁濃厚。卽可起鍋。加麻油大嚼。吃精的客人。遇到魚翅整席不吃魚翅。改換食拌食料多而味道好。眞的勝過魚翅哪。

四二　炒素十景

這樣菜是六七月裏吃雷齋素時候的佳肴。各葷館子裏都有。自煮也很容易。主料是用十樣素菜合成的。所以叫做十景。不過配合各別。顯有粗細之判。茲將細十景配法說明。一冬菇三隻。二香蕈五隻。用熱水一碗放淗去脚。切成薄片待用。三烝熟麪筋一塊。切成半寸長薄片。四筍邊一隻。去殼除老根。切成纏刀塊。五豆腐衣一張。用水泡軟。撕作六七段。六鮮毛豆子一大匙。七五香腐干兩塊切片。八小嫩絲瓜一條。滌淨豎切成條。橫切成寸段。九百葉一張切絲。十塘藕兩片（水菓攤上有開片塘藕出售的）拿來批成薄片。整備齊全放在一隻碗裏。一面用素油二兩。鹽一匙。清炒單用鹽。紅炒用醬油二兩。麻油二錢。白糖一小匙。眞粉膩少許。炒法把油入鍋。用旺火煮到沸極起青煙。把毛豆子同筍邊先下鍋。用鏟亂抄到脫生。投入其他的八樣素物。用鏟翻抄五分鐘。加下鹽同放冬菇香蕈湯。若是紅炒。加下醬油。加蓋改用文火煮兩三透。注意鍋中汁乾。隨時把清水加入。煮熟了去蓋。摻下白糖調味。嘗過鹹淡。下粉膩少許。用鏟略拌使和。卽可起鍋。加麻油供食。粗十景配合。除去筍邊冬菇香蕈。改用扁尖、東瓜、茭白、以外八樣大致相同。價值廉兩倍。味道卻不好吃了。素菜鮮味全靠冬菇香蕈。自家炒不可不用。

四三　炒雙冬

這樣菜、是用冬筍冬菜（就是鹽雪裏紅又叫鹹菜）同炒的。所以叫做雙冬。別有一種新鮮的風味。用冬筍兩隻。大的一隻。剝殼去老根。切成半寸長二分厚的薄片。新醃的雪裏紅一束。用水滌淨擠乾。切去菜根菜葉。把菜梗切成半寸長的條子。素油或葷油二兩。鹽少許。白糖一匙。麻油一錢。鷄湯一碗。若然素炒。改用放香蕈水或者清水。炒法、注油入鍋。用急火煑到沸極起青煙。投入冬筍。用鏟攪炒到脫生。加入雪裏紅。再炒幾下。摻上一些兒食鹽。因爲雪裏紅甚鹹。用鹽宜少。加下鷄湯或者清水。不必加蓋。燒牠一個沸透。加入少許白糖調味。就可起鍋了。炒這樣菜。始終不要加鍋蓋。一加蓋雪裏紅的顏色就要變黃。味道也要減遜。所以起鍋要快。

四四　雙冬炒腐衣

這樣菜。也是素炒中別有風味的佳肴。用冬筍兩隻。剝殼去老根。切成一寸長二分厚的薄片。豆腐衣四張。用熱水泡軟。撕斷。京冬菜二兩。（南貨店中出售的）好醬油一兩。白糖二兩。（因爲京冬菜很鹹、多用白糖以調味）素油二兩。麻油二錢。砂仁末少許。清水一碗。炒法、把油入鍋。用急火煑到沸極起青煙。投入冬筍。用鏟亂抄。見牠脫生。投入京冬菜豆腐衣。用鏟徐徐攪抄幾下。把醬油、白糖、清水加入。燒牠兩透。就可起鍋。加麻油供食了。這樣菜又叫京冬菜冬筍炒豆腐衣。

四五　炒素

無錫油麪筋十個。（名叫無錫油麪筋）各地都有出售的。用溫水冲淨塵屑。用剪刀剪成兩爿。眞金菜二兩。用熱水泡軟。摘除硬根。理齊整。用刀切成寸段。擠乾待用。木耳一兩。用冷水放開。摘去硬根。香蕈四隻。用溫水一碗放開。去腳切絲。放香蕈水撈去屑待用。五香豆腐干四塊切成薄片。百葉兩張。用熱水泡過擠乾。切成細絲待用。素油二兩。鹽一撮。醬油二兩。白糖一兩。麻油一錢。大蒜葉一根。滌淨撕絲切斷待用。炒法、把油入鍋。用急火煮到沸極起青煙。投入眞金菜百葉。用鏟篩抄六七下。把以外素東西一起下鍋。篩抄十幾下。把醬油、鹽、放香蕈水加入。加蓋燒牠一個沸透。去蓋加入白糖調味。若然鍋中汁已煮乾。加添清水救濟。末了投入大蒜葉。卽可起鍋加麻油供食。這樣是極繁用的家常菜。遇到過年過節。家家要整備的。

四六　炒素肉圓

豆腐衣三張。用溫水泡軟。將刀劃作二寸見方的包衣。一面用豆腐三塊。放布袋中。用塊石壓乾水分。取出放在碗裏。冬筍一隻。去殼及老根。切成細屑。香蕈四隻。放開去腳切成細屑。木耳一兩。放開去硬屑切細。砂仁末一錢。這四樣東西一起放入豆腐中加食鹽一小匙。用竹筷充分的拌和。眞金菜二兩放開去硬梗切斷。扁尖一兩。同香蕈一起放開。撕絲切成寸段。放香蕈水去屑留用。整備好了。用湯匙撈取豆腐混合物。用豆腐衣包裹完密。每一小方腐衣。包一湯匙豆腐混合物。須裹成圓形。左手擠住腐衣的四角。右手用扁尖絲緊緊束住。待用。炒法。把素油二兩半入鍋。用急火煮到發沸。把包好的素肉圓。一一投入煎黃一面。再煎一面。油須賸餘半兩。翻轉後再注入鍋中。兩面炒黃了。加入二兩好醬油。並放香蕈湯。眞金菜也在這時下鍋。放在一邊。不要攪抄。若嫌水少。加添清水。用文火徐徐煮兩透。加入白糖。用鏟輕輕拌和。煮透卽可起鍋。加麻油供食了。

四七　炒素腰片

用麻菇二兩。用水放開。滌淨屑粒。用刀批成薄片。放在淡鹽水中。逐一取起。兩面拌上一薄層豆粉。先放入熱素油鍋中炸黃。用鐵笊離撈起待用。形像腰片。若用葷油炸汆。味道更覺肥美。冬筍或春筍兩隻。剝殼去老根。切成寸許長的薄片。香蕈三隻。放開去脚。切絲待用。放的水同放麻菇水合併。濾淨砂屑待用。素油一兩。好醬油二兩。白糖一小匙。

麻油一錢。眞粉膩少許。炒法。把油入鍋。用急火煑到沸極起青煙。投入素腰片同筍片。用鏟輕輕攪抄幾下。加入醬油、香蕈、及放麻菇湯燒牠一個沸透。加入白糖。調和鹹淡。下粉膩少許。用鏟略攪。見汁濃厚。卽可起鍋。加麻油供食。這樣菜別有風味。不過麻菇拌粉入油鍋。切不可氽老。一氽老則焦硬無味了。油鍋煑沸後改用文火。素腰片入鍋略炸。隨手用笊離一起撈起。炸得越嫩越好。故爾叫做素腰片。眞腰片過火無味。素腰片也不可以過火的。若用葷油氽。味道鮮而味簡直不輸眞腰片。炒時湯水要緊。不宜過鹹。若然鹹了。就不好吃。

四八　炒素海參

素海參偶然有得出售。但不是常有的。自製的方法。用乾淨黑芝蔴半升。放石研鉢或鐵船內研細。同冷水一升入鍋。燒牠兩透。撈去渣。傾入一斤豆粉。用鏟猛力攪拌。下少許醬油。攪和凝結。用杓盛起。放在平底湯盆中。預先把撈起的芝蔴渣。鋪在盆底。等牠冷透乾凍。切成條塊。顏色同形狀和眞海參無二。不過味道卻不及眞海參。用假海參十條切成寸段。油麫筋十個泡軟切開。五香腐干切片。針金菜二兩。放開去梗理齊切成寸段。扁尖二兩香蕈五隻。用熱水一碗放開。香蕈去脚切塊。扁尖撕絲切斷。放的水。濾淨渣屑待用。素油三兩。好醬油三兩。麻油一錢。白糖一兩。炒法、把油入鍋煮到沸極。投入各種和頭。用鏟攪抄五分鐘。把醬油同放扁尖香蕈湯投入。並將假海參下鍋。開蓋燒牠一個透。若然加蓋。一個不留意。火力太旺。假海參要痒化沒有的。等到煮透。摻下白糖調味。就可起鍋。加麻油同味精各少許供食了。這樣菜是素席上用的。

四九　炒素鷄

這樣菜是用百葉折疊做鷄肉。鮮味全靠和頭。炒來得法。卻也別有一種滋味的。用百葉十張。分作五張一分。疊齊捲結。用白紗線紮緊。放入鍋中加半升清水。煮牠一透。取起瀝乾。放在木板上。用布包着重石塊。壓住一小時。去石取出。用刀切成二分厚的薄片。算做素鷄腿肉的扁尖二兩。用熱水放開去老根。撕絲切斷。香蕈五隻。用微温水放開。去脚切絲。放的水。濾淨待用。素油三兩。好醬油二兩。白糖一匙。麻油一錢。味精少許。炒法、把油入鍋。用急火煮到沸極。投入百葉片。等到一面煎黃。用鏟翻轉。再煎一面。兩面煎黃了。拿香蕈、扁尖、醬油。同放香蕈扁尖水一併加入。隨手蓋密。用文火燒牠一個沸透。去蓋。摻下白糖。調和鹹淡。就可起鍋。加入味精麻油供食。這樣栥百葉片要煎得黃透。油要多用。翻轉時鍋中油少。須加油再煎。火力要旺。這纔煎的透。方有滋味。若然油少火不旺。就不好吃了。

五〇　炒栥心

用淨菜心半斤。要買粉棵青菜。剝去四邊的菜。單用菜心半斤。素油三兩。味精一撮、食鹽一小匙。白糖少許。放香蕈麻菇湯一碗。先把菜心滌淨。小棵不必切斷。直裏切成兩爿或四爿。瀝乾待用。炒法、把油入鍋。煑到沸極起青煙。投入菜心。用鏟一陣亂抄。約五分鐘。摻上鹽。加下放香蕈湯、燒牠酥爛。須改用文火。始終不要加蓋。一加蓋。菜色就要變黃。煑熟了摻下白糖調味。就可起鍋。加麻油味精乘熱吃。鮮美無比。若用葷油炒。更覺肥美。

五一　炒腐干絲

用南京豆腐干或五香豆腐干十塊。切成細絲。素油一兩半。醬油二兩。香蕈五隻。用水放開。去脚切絲。放香蕈水。濾淨待用。嫩薑一塊。滌淨切成細絲。白糖一匙。麻油二錢。炒法、把油入鍋。用急火煑到沸極起青煙。投入干絲。用鏟篩抄一陣。加入香蕈共抄五分鐘光景。加入醬油。放香蕈水。加蓋煑兩透。去蓋。加入白糖調味。起鍋後加入薑絲麻油。這樣菜、味頗清鮮，宜於下酒吃粥。不過腐干一定要切得絕細均勻。先批成薄片。後切成細絲。這種手法。只有南京麪館裏的夥紀切來頂勻細。干絲也算南京頂有名的味道也最好。

五二　炒茄絲

用茄子三四隻。隔水蒸熟。放冷水中浸冷。取起。撕落外面的紫皮。隨手撕成細絲待用。葷炒比素炒更好。用素油一兩。注入鍋中。用急火煑到沸極起青煙。投入茄絲。用鏟輕輕攪抄幾下。清炒加好醬油二兩。放香蕈湯半碗煑透加白糖少許調味。卽可起鍋。加麻油味精各少許。用筷頭拌和。就可供食了。葷炒改用蝦子醬油二兩。雞湯半碗調味。其他作料相同。這樣菜取牠的鮮嫩。所以下鍋後。不用多抄。攪抄三四下。立即把醬油湯水加入。煑透急速鏟起。纔覺鮮嫩。多燒卽老。喜吃葷的。起鍋後加薑絲一中匙。切得要勻細。

五三　炒粉皮

粉皮是菉豆粉做成的。買回來往往有一陣酸臭氣。要放熱水中泡過。取起吹乾。約重半斤。用刀切成二分闊。一寸長的條子。醬瓜醬薑各一兩。用清水滌淨外面的醬。切成一分闊半寸長的細絲。或切成亂屑也可以的。素油二兩白糖一大匙。好醬油半兩。麻油少許。炒法、把油入鍋。用急火煮到沸極起青煙。投入粉皮。用鏟急急亂抄亂篩。莫放牠黏併。抄到脫生。把醬瓜薑投入再抄片刻。加入少許醬油同白糖。用文火煮透。卽可起鍋加麻油供食了。這樣菜的和頭都是很鹹的。醬油不可多用。因爲始終不加水。乾抄防焦。須不絕手攪抄到起鍋爲止。

五四　炒鷄搜豆腐

用豆腐三塊。放布袋中。置狹櫈上。上壓重石約半小時。瀝盡泔水。取出。放在碗中。一面用香蕈三隻。放開去腳。切成細屑。針金菜木耳各半兩。用水放開。剖去硬梗。屑各切成細屑。鹽一匙。麻油一錢。砂仁末一撮。這六樣和頭。一起放入豆腐中。用竹筷頭充分攪和。備素油二兩醬油一兩。白糖少許。炒法、把油入鍋。用急火煮到沸極起青煙。投入豆腐混合物。用鏟急急篩抄攤開。火力漸漸改文。篩抄到攤開不黏。豆腐全變黃色。到八分成熟的時候。把醬油並半碗放香蕈湯加入煮透。摻下白糖調味。即可起鍋。加麻油供食。

五五　炒蘿蔔鬆

用白蘿蔔三個用結實的。空心的除去。去甲滌淨。鏍去外皮。用手拿住蘿蔔。向刮鏍上鏍成均勻的細絲、放布袋中壓去辣汁候用。火腿四兩去皮批成薄片。集切成細絲。再切成細屑待用。葷油四兩。食鹽一匙。胡葱三根。滌淨切細候用。炒法、把油入鍋。用急火煮到沸極起青煙。投入蘿蔔絲。用鏟攪抄攤開。見牠脫生。投入火肉屑、同抄片刻。把醬油葱屑下鍋。抄到酥熟。即可起鍋了。這樣菜。專備不喜吃油膩的人。當作下酒物和吃粥用的。

五六　炒塘藕

這樣菜的味道是甜的。用嫩藕半斤。滌淨泥垢。削去藕節。用蘿蔔絲鑷鑷去藕皮。切成半寸厚的整塊。再斜批成四分闊的薄片候用。次白糖四兩。素油兩半。糖餞桂花一匙。炒法、注油入鍋。用急火煑沸。投入白糖。見糖全行溶化。投入藕片。用鏟亂抄幾下。便卽鏟起。加桂花供食。藕片生嫩。味道甜香好吃。若然起鍋遲了。弄得藕片半生半熟。不酥不嫩。那得會好吃呢。一定要略抄幾下。糖汁黏附藕片。隨手起鍋。藕片自然生嫩好吃了。

五七　炒紅菱

這樣菜炒來得法。味道和炒腴肉差不多。也用糖醋鹽來同炒。手法和炒藕片相似。起鍋要快速。遲了菱肉弄得不生不熟。不酥不嫩。就不好吃了。用一斤鮮紅菱。剝去紅殼。

用大指甲剔去外面的白衣。每只橫切成兩片。候用。筍邊一隻。剝殼去老根。切成半寸長的薄片。香蕈三隻。用水放開。去脚切絲。香豆腐干兩塊切成薄片。素油二兩。鹽少許。好醬油半兩。白糖一大匙。酸醋一茶匙。麻油少許。炒法、注油入鍋。用急火煮極起青煙。投入筍片、香蕈絲、腐干片、用鏟攪抄。見筍片脫生。投入菱肉略抄三四下。加入鹽醬油並放香蕈水少許。燒煮一透。加下白糖和醋。喜吃醋的多加。不喜吃醋的加一些兒。煮透。隨手起鍋。加麻油供食。菱兒下鍋後。不宜多煮。起鍋要快速。纔覺生嫩好吃。這樣那是六七兩個月裏的時新菜。一到八月。紅菱老了。炒來就覺不好吃了。

五八　炒臙脂葉

這樣菜鮮嫩無比。不過臙脂葉沒有買處。只有自家栽種。在淸明後向親友處取幾粒臙脂的子。撒在花隖裏或牆脚邊。等到五六月裏。籐梗蔓生。花葉茂盛。隨時可以摘取嫩葉一斤。滌淨候用。素油二兩。鹽少許。黃酒少許。好醬油一兩。放香蕈湯半杯。味精麻油各少許。炒法，注油入鍋。用急火煑到沸極。投入臙脂葉。用鏟翻炒到脫生。用黃酒少許向鍋底四邊下篩。隨手加蓋。一刹卽把蓋揭去。臙脂葉並無腥羶氣。注酒少許。解去牠的青滋氣。那末把醬油鹽。放香蕈湯加入煑透。卽可起鍋加少許味精麻油供食。別有滋味。

五九　炒金花菜

金花菜。俗稱草頭。那是家常蔬菜。炒的手法。大有高下之分。炒不得法。老得嚼不斷。乏味極了。照下列炒法。便覺鮮嫩好吃了。買金花菜葉一斤。單摘取青葉。梗一概棄去。約重半斤。滌淨待用。素油二兩。好醬油二兩。黃酒少許。鹽少許。老薑一厚片。預備敞邊湯盆一只。炒法、先拿一兩素油入鍋。加入薑片用急火煑到沸極。倒在湯盆裏。加入醬油黃酒待用。再注一兩素油入鍋。煑到沸極起青煙。投入金花菜葉。用竹筷一陣攪炒。摻上淡鹽花。加少許清水。攪炒到脫生。莫放牠葉色改變。就用筷頭撈起放在湯盆裏。鍋中不免有留存。用鏟連汁鏟起併入湯盆中。用筷頭上下翻攪。使油同醬油遍拌在金花菜上。就可分置磁盆中。用湯匙撈取醬油汁灌在上面。吃起來又嫩又鮮。且帶素油之肥。雖是普通蔬菜。炒來得法。卻別有美味了。

六十　炒油菜百叶

這樣是極尋常的素菜。要炒來好吃。須照下列方法。小棵上菜一斤。剝去邊葉。單用菜心。棵子多則菜心也多。約可得半斤。滌淨。不橫切。竪剖成兩爿或四爿。候用。水百叶四張。用熱水摻些鹽花。把百叶泡去泔水氣。用冷水沖過。擠乾。切成一分闊。一寸長的細絲。素油三兩。喜吃肥的葷油。鹽一大匙。味精麻油各少許。炒法、注油入鍋。用急火煮到沸透。投入青菜。用鏟翻炒到少爲脫生。加入百叶再炒片刻。摻下食鹽。幷一小盅放香蕈水。

（或清水）向鍋的四邊注下。改用文火。煮到菜心酥熟。菜色未變。就可起鍋。加味精麻油乘熱吃。別有清鮮的味道。炒這樣菜。始終不要加鍋蓋。一加蓋菜色變黃。非但不好看。味道也減遜了。若用葷油炒加鷄汁調味。更好。

六一　炒芋艿

這樣是時新家常菜。在七八九月裏。芋艿上市。差不多家家要炒來吃的。芋艿要燒得酥。作料配得精。卻也別有一種風味。用生芋艿半斤。用水滌淨。放竹籮中。用洗帚或木杆扒去外皮。皮會麻辣。性切不可用手。誤用手便覺麻辣難堪。去皮後。用刀削去斑點及根。切開候用。葱一兩。去尖根滌淨。切成細屑。鹽一兩。素油二兩。砂仁末、味精各少許。炒法。注油入鍋。用急火煮到沸透。投入芋艿。用鏟攪炒到脫生。拿葱屑並清水一碗加入。加蓋改用文火。燒到芋艿酥爛。去蓋摻下食鹽。再煮一透。就可起鍋。加砂仁末味精供食了。炒這樣菜要等到芋艿燒酥下鹽。早下鹽芋艿要燒不爛的。

六二　炒麵腐

這樣是夏天的家常菜。不過麵腐毫無鮮味。全靠和頭作料。用麵腐三塊。清水漂淨濾乾。切成小塊候用。香椿頭一兩。切成細屑。素油二兩。好醬油一兩。麻油少許。炒法、注油入鍋。用急火煑到沸透。拿麵腐倒入。用鏟徐徐攪炒五分鐘光景。加入香椿頭同醬油。改用文火。炒到水分乾。麵腐塊將要併合一起了。那末起鍋。加麻油供食。

六三　炒栗子

炒栗子有兩種炒法。一是放在糖砂裏帶殼炒的。叫做糖炒栗子。那是消閒食。一種剝去殼衣。也用糖來炒的。叫做蜜炙栗子。那是甜菜。南貨店裏買的栗子炒來吃。只有酥味。在七八月裏。新毛栗子上市的當兒。買帶殼毛栗子。挖出粟子來。放少許熱水鍋內煮半熟。拿來剝去殼衣約一飯碗白糖三兩。揀淨的桂花一撮。注糖入鍋。用文火熔化。投入栗子。用鏟徐徐攪炒。使糖汁裏附栗子上。就可起鍋。加桂花供食。新鮮栗子中本會有一種桂花香味。再加上少許桂花。又香又甜。又酥嫩。味道和新鮮蓮子羹相似可稱甜菜中的美味。

六四　野菜炒栗子

這樣菜是正二月裏的時新菜。一到三月。野菜開花。葉梗變老。不好吃了。野菜是草地上野出的。市上也有出售。用半斤野菜。拿來揀淨雜草及泥垢。放竹籃中向河水裏細細滌淨。取起擠淨水分及菜汁。切成細屑候用。半斤栗子。置鍋中。加熱水與栗子相並。燒到栗子酥熟。鏟起瀝乾。用刀每個切成兩爿。剝去殼衣。候用。素油二兩。好醬油一兩。放香葷水半碗。白糖麻油各少許。炒法、注油入鍋。用急火煑到沸透。投入野菜。用鏟亂炒亂篩。炒到脫生。加入栗子再炒三四下。把醬油放香葷水加入。開蓋煑透。摻下白糖調味。就可起鍋。加麻油供食這樣菜的味道妙極了。野菜很有鮮栗子帶有酥香。所以上等菜館裏。往往用牠做熱炒的。不過栗子要預先燒酥。野菜不可以燒得過火。注意不要加鍋蓋。一加蓋野菜顏色發黃。味道就大減了。

附注野草很有鮮味。在嫩的時候。正是絕妙的和頭。拿牠來炒鷄片魚片肉片。比較炒栗子還要好吃。

六五　野菜炒鷄片

野菜四兩。揀過滌淨泥垢。擠乾菜汁。切細候用。鷄脯膛肉五兩。生切成薄片。葷油或素油二兩。好醬油一兩。黃酒少許。葱屑少許。白糖一撮。鷄湯一盅。麻油少許。炒法、注一半油入鍋。用急火煑到沸極起青煙。投入野菜。用鏟翻炒爆透。鏟起置盆中待用。取乾布揩淨鍋底。注一半油入鍋。煑到沸起青煙。投入鷄片。急急攪炒到脫生。加下黃酒於鍋底四邊注入。隨手加蓋。霎時去蓋。拿醬油、鷄汁；葱屑野菜一併下鍋。燒到發沸。摻下白糖攪和。就可起鍋供食了。臨吃加麻油。

六六　菜炒青魚片

野菜四兩。如上法切細。開片青魚六兩。滌淨。切成半寸長三分闊的薄片。用醬油黃酒醃浸候用。素油二兩。黃酒半兩。醬油一兩。葱屑少許。白糖一撮。麻油少許。抄法、注油一半入鍋。用急火煑到沸極起青煙。投入野菜。用鏟攪抄到脫生。鏟起置碗中。用布揩淨煎鍋。把賸下的油下鍋。用急火煑到沸透。投入魚片。用鏟亂抄到脫生。加入黃酒於鍋的四邊。篩下。隨手蓋密。霎時去蓋。把醬油、野菜、葱屑加入。煑到沸透。摻下白糖調味。就可起鍋加麻油供食了。

還有野菜抄肉片。野菜抄筍片。抄法是一樣的。抄肉片。買精猪肉六兩。滌淨切成適用的薄片。抄法也是煑沸油鍋。先把野菜抄透盛起。再起油鍋。把肉片下鍋抄透。把和頭作料加入煑透。就可起鍋了。抄筍片。用冬筍三隻。去殼切成薄片。起油鍋。先投入預備的四兩野菜。攪抄到脫生鏟起。次把筍片投入炒透。把和頭作料加入煑透就可起鍋了。野菜炒筍不用酒。抄肉片要用黃酒半兩。薑一片同炒。炒透肉片。篩下黃酒並加薑片葱屑。隨手加蓋。使酒味入肉片。薑葱收去肉羶氣。抄熟後味道格外好吃。

第二類　煮中菜

煑法、有白煑紅煑兩種。白煑用鹽。紅煑用醬油。煑成的菜肴。和炒的差不多。不過抄的汁水緊少。且有乾炒無汁的。煑的湯汁樣樣多的。所以先要預備一種或兩三種調味湯。以供煮菜時加入用的。調味湯當推鷄湯爲最有鮮味。以外猪肉湯。火腿湯、魚湯等。雖則各有鮮味。皆不及鷄湯。各幫館子裏的上等佳肴。無一不用鷄湯調味的。不過煮鷄湯也要得法。否則湯混而味羶。不好吃了。

一 煮調味鷄湯

活鷄一只。雄鷄油少肉老。當買雌鷄。拿來割斷。一手緊握鷄腿。一手握住鷄頭。瀝淨鷄血。盛在碗裏。不要加鹽花和清水待用。拿鷄浸在半鉛桶沸水中。從腿部起。拔去鷄毛至頭部爲止。除去脚皮須拔得乾淨。鉛桶中另換清水。用剪刀剪開鷄的尾部。挖出腸雜、收拾淨了。可以抄來吃的。滌淨鷄腹中的血污。挂起瀝乾。預備黃酒一兩。老薑一塊。滌淨切成兩厚片。葱兩根。滌淨折挽。鹽二兩。清水四升。淡鷄血半碗。就是殺鷄時瀝出來的。若同然鴨一起吊湯。行先宰殺出白。挖去腸雜滌淨。一併下鍋。不過鴨味不及鷄味鮮。所以的。煑法、館子裏寧使多用鷄。兩三只鷄一同吊湯。味道格外鮮美。不願用鴨及猪肉同吊的。煑法、把整鷄置深口湯鍋。加清水四升。鷄多。水也要加多些。用火煑一透。上面有沫氽起。用湯勺撩淨。拿一兩黃酒。向四邊篩下。并加葱薑。這是除卻鷄羶氣、的。加蓋煑到半熟。去蓋。摻下二兩食鹽。加蓋。改用文火，煑到鷄肉熟而不爛。尙有鮮味留在鷄肉中。拿出鍋來。備作他用。過分煑得十分熟爛。鮮味盡在湯中。鷄肉毫無鮮味了。這時的湯混濁不淸。須用急火把湯煑沸。湯內的油花。漸漸浮起。用湯勺加些冷水。沸即停止。隨手用勺撩去上面的油花并葱薑。一次吊不淸。再煑沸再撩。如是數次。鷄湯發淸。煑沸後不見有油花浮起了。那末把淡鷄血倒入鷄湯中。用竹筷攪和。煑沸後。湯面滿淨血沫。用湯勺撩淨。那末鷄湯淸冽如泉。起鍋盛在無蓋的湯缽中。置透風冷處。等牠冷透。上面蓋一只絹篩。可以存放一星期不變味。隨時用冷湯勺取出若干應用。遇到熱天最好放在冰箱裏。否則隔一日須下鍋煑兩透。不能經久。祇可少煑。

二　煑神仙鷄

這樣菜。是用全鷄一只。在放瓦缽中。加入配好的作料。置湯鍋中。加下適宜的熱水。隔水用文火煑熟的。這樣菜。非但作料要配得準。鍋中的水也要配得不多不少。水多了恐怕發沸時溢入缽中。水少了容易燒乾。須隨時加入沸水。用出白嫩鷄一隻。毛血腸雜早已除淨了。拿冷水滌淨。剪去鷄屎孔。這樣東西羶氣非常。故宜除去。嫩筍兩只。剝去牠老根。切成薄片。麻菇三只。用水放開。滌淨塵屑。切成薄片。火腿一兩。去皮。橫批成薄片。豎切成細絲。好黃酒二兩。鹽一兩。調味鷄湯一碗。葱一根。滌淨同老薑一片。切成細屑。備乾淨瓦缽一個。白淨紙一張。各色備齊。拿食鹽同葱薑屑。塞在鷄肚裏。用手指細細擦遍。放入瓦缽中。鷄背向上。鷄頭夾在鷄膀下。加入調味鷄湯。以透過鷄背三四分爲度。把冬筍、火肉、麻菇、黃酒等一起加入缽中。加上缽蓋。用紙封固。莫使洩氣。移置湯鍋中。鍋中盛清水半鍋。浸過瓦鉢十分之七八為度。加入鍋蓋。用樹柴火在鍋下燃燒。火力要均勻。煑沸以後。隔片刻。加沸水一次。每次加水。須過大半瓦鉢。莫放牠乾。約煑三四小時。便能成熟。起鍋去蓋。就瓦鉢大嚼。鮮美無比。

三　紅燒鷄

這樣菜、是用和頭同鷄肉用醬油煑成的。用栗子同煑的叶做栗子燒鷄。用春筍同煑的叫做春筍燒鷄。還有用熟鷄蛋或蔴菇作和頭。或用猪蹄同煑。味道更覺鮮美。這五種燒法最好。以外用蔬菜作和頭。鮮味被蔬菜拔盡。不足道了。用嫩壯鷄一只。宰殺去盡毛血腸雜。滌淨。去頭脚同尾孔。切成均勻小塊候用。用栗子半斤。放少許冷水鍋中。煑到酥熟。水與栗子相齊。水多了燒不酥的。燒酥取起。用刀每個剖成兩爿。剝盡殼衣候用。春筍兩只。去殼去老根。切成纏刀塊候用。蔴菇半兩。用水放開去脚滌淨切片候用。鷄蛋五枚。放水鍋中煑半熟。取起浸冷水中片刻。拿來輕敲幾下。剝去蛋殼候用。猪蹄精肉半斤。滌淨切成半寸見方的小塊。放鍋中加冷水一升。用急火煑透。取起。放筅籮中。用冷水透淨浮沫候用。這五種和頭。是五種煑法用的。每種煑法。只用一樣和頭。作料。用好黃酒二兩。醬油二兩。白糖二兩。用中國冰糖屑更好。洋冰糖少甜。不要用。葱一根。滌淨折挽。老薑一厚片。這是拔去羶氣用法。麻油一錢。煑法、拿鷄塊同葱薑放入鍋中。加淸水一碗半。透過鷄塊少許爲度。加蓋密閉。用急火煑到沸騰。去蓋篩下黃酒。加蓋再煑。改用文火。燒到七八分酥熟。去蓋。加下醬油煑一透。加入一種和頭。加蓋燜煑到十分酥熟。摻下白糖攪和煑沸。即可起鍋。加麻油供食。頭脚用線紮住。一同下鍋煑熟。備作下酒物。若用猪蹄同煑。要和鷄肉同時下鍋。若用鷄蛋作和頭要到加糖之前下鍋。早下鍋鷄蛋煑好了不好吃的。煑這樣菜。要注意火力同汁水。鷄塊下鍋煑沸後。速即改用文火。莫使煎乾汁水。加水要配準。恰够煑熟。不用加水。若然煑到半熟汁乾了。加些調味鷄湯。味道就要減色。鷄塊下鍋時。不用清水。用無鹽的淡雞湯加入同煮更鮮。不過加鹽的雞湯不可用。因為雞未煮爛。先經鹽味。不易酥爛了。

四 醋熘雞

用生嫩雞的腿肉五兩。切成半寸長三分闊的小塊。春筍兩只。去殼和老根。切成薄片。素油二兩。醬油一兩。鹽少許。醋一匙。白糖一匙。粉膩少許。老薑一片。麻油一兩。雞湯半碗。煮法、注油入鍋。用急火煮到沸極起青煙。投入雞塊。同薑片用鏟攪炒到脫生。拿酒向鍋底四邊篩下。隨手加蓋。霎時去蓋。加下雞湯。改用文火煮到酥熟。加入醬油鹽煮透。摻下白糖調味。下粉膩少許。見汁濃厚。加下醋炒和。即可起鍋加麻油供食了。這樣菜的味道。甜酸而鮮。蘇幫館子裏也有的。

五 煮米鴨

這樣菜。是拿肥鴨同糯米飯煮成的。各幫館子裏用牠做大菜。味道好吃得很。用雄肥鴨一隻。雌鴨大都生空了蛋出賣。其肉發老。味道減色。買雄肥鴨來宰殺。瀝血去毛。挖去腸雜滌淨。頭頸上多血管毛。用鐵夾拔淨。整鴨待用。糯米一飯碗。用淸水浸一夜。淘淸放鍋中。加冷水一碗。煮成乾米飯待用。糯米無漲性。水宜少用。雞肉濃湯一碗。拌在糯米飯裏。好醬油三兩。黃酒一兩。鹽一匙。冰糖屑半兩。葱兩根。滌淨折挽。老薑兩片。麻油二錢。熟白菓十粒。熟火肉一兩。切成細屑。鴨肝雜滌淨。同鴨一起煮熟。眞粉膩少許。煮法、拿整鴨的屎孔切下丟去。腳彎折。放在鍋中。加葱薑肝雜同冷水四碗。加蓋用急火煮到沸騰。去蓋加下一兩黃酒。加蓋煮兩三透。去蓋用竹筷頭戳在鴨上。筷頭直入肉中。肉已酥熟。加下鹽醬油用文火燜煮片刻。鴨已十分酥熟。便卽起鍋。肝雜也撈起切成薄片候用。鴨或切成兩爿。分做兩碗。或切成四爿。再切成小塊。分作數碗。煮來自家吃的。不必切塊。一面把糯米飯蒸熟。拌入鷄肉湯。放在鴨床底裏。（長形大碗專供放鴨用的叫做鴨床）

盛起一半鴨汁候用。拿火肉、白菓、肝雜等。投入鴨汁鍋中煮透。摻下冰糖屑。嘗過鹹淡。用鏟盛在鴨床裏。拿鴨放入。移置蒸鍋上。蒸熱。就可供食。

六　酒燜鴨

這樣菜、又叫煮神仙鴨。煮法比較神仙鷄難一點。用肥鴨一只。去淨毛血肝雜。用清水滌淨。肝雜收拾乾淨切片候用。食鹽二兩。上好陳黃酒二兩。葱兩根滌淨折挽。老薑兩片。拿食鹽細細遍揸鴨腹。把葱薑納入。放在一品鍋、內。把黃酒一起倒入。加蓋緊密。置文火爐子上。徐徐煮六小時後。鴨必酥爛。方可供食。嫌淡加醬油。煮的時候。不可以開蓋觀看。始終火力要文。卻也別有一種滋味。

七　煮八寶鴨

這樣菜是用八樣和頭同鴨煑成的。所以叫八寶鴨。宜用鹽清煑。不宜用醬油紅煑。

拿肥鴨一只。宰殺。去盡毛血。剪去屎孔。挖去腸雜。把肫肝剪開。收拾潔淨。同鴨及軟肝用水滌淨。候用。預備八樣和頭。紅蓮子二十粒。用少許熱水泡軟。戳去心剝去衣。放在蓮子壺中。加半杯沸水。用文火煑三四透。倒出已酥熟了。白菓十粒。帶壳放鍋中炒熟。剝去壳待用。芡實一大匙。放少許熱水煑熟瀝乾。香蕈、麻菇各四只。用熱水放開。去脚切片。嫩筍一只。剝壳去老根。蒸熟切成薄片。熟火肉一兩。切成薄片。嫩扁尖兩根。用水放軟。去老根。撕絲切成寸段。把八樣和頭放在一只碗裏。陳黃酒二兩。鹽二兩。葱一根。滌淨折挽。老薑一片。淡鷄湯一碗。煑法、拿整鴨剖成兩爿。不剖也可以的。同肝雜片葱薑放入鍋中。加淡鷄湯一大碗。若嫌水少。增添清水。以水透過鴨背幾分爲度。加蓋緊密。用急火煑到沸騰。去蓋。倒下黃酒。加蓋用文火煑到鴨肉八分熟。用筷頭戳得下肉中。摻下鹽。把八種和頭下鍋。若見鍋中汁乾。再加鷄湯半碗。加蓋。徐徐煑兩透。見汁已濃厚。卽可起鍋。加麻油供食了。整鴨盛在鴨床裏。切成兩爿的。分作兩碗。這樣菜的好處。卻在和頭裏。八色和頭。各有各的風味。鴨汁要稍寬。不用粉膩。因爲汁中別有滋味的緣故。

八　煑椒鹽猪蹄

這樣菜用食鹽火肉屑同猪蹄煑成的。味道清爽鮮肥兼全。是夏天的美味。猪蹄一只。要買七星蹄。精肉多。約重二斤。用鐵夾拔淨遺留的猪毛。放冷水鍋中煑一透。取起用清水洗去血沫。用刀剖成兩爿。再切成四大塊可以分做四碗。陳黃酒三兩。鹽二兩。熟火肉二兩切成細屑。冰糖屑四兩。（市上都是洋冰糖少甜味宜多用若用中國冰糖三兩够了。）老薑一厚片。葱一根。滌淨。折挽。煑法、把猪蹄放入鍋中加入黃酒葱薑。用急火煑到沸透。加下新鮮淡鷄湯或是清水兩碗。加蓋緊密。煑兩透。改用文火。煑到九分酥熟。用竹筷頭不用力戳得進肉內。那末摻下冰糖加入火肉。再用旺火煑片刻等牠糖熔汁膩。

就可起鍋供食。味帶甜鹹。別有滋味。這樣菜全在火候適宜。太旺精肉要炙老。太低肉不酥爛。味道就要減遜。

九　醬煑肉

各地陸稿薦出售的醬煑肉。不是眞正用醬煑的。照下列煑法。纔是眞醬煑肉。喜吃肥的。用肋條肉。喜吃精的用坐臀肉。半精半肥用猪的七星蹄。(爪尖下有七粒小點的)煑成了叫做醬蹄。味道頂好。買猪蹄約二斤。用水滌淨。拔淨遺留的猪毛。不切也可。或剖開一半。或切成方塊。放冷水鍋中煑到沸透。用冷水冲去血沫候用。陳黃酒二兩。好醬油二兩。冰糖屑六兩。葱一根。滌淨折挽。老薑一片。和頭用豆腐干五塊。先竪劃刀路。横切成四塊。或用百叶六張。熱水泡過。每張剖開。捲挽成結待用。醬乳腐露一小杯。不用乳腐露。多用好醬油四兩。講到味道用醬油煑的好吃。用了乳腐露有些乳腐氣的。煑法、拿油同葱薑黃酒放入鍋中。用急火煑透。加下兩碗淸水。改用文火。加蓋煑到九分酥熟。去蓋。加入醬油。同乳腐露的一起下鍋。再煑兩透。摻下冰糖。改用旺火。煑到糖熔汁膩。若嫌肉的顏色不好看。加入預備的顏色一匙。（這種顏色是預先用素油二兩。用赤砂糖四兩。放鍋中熔砂而成。盛在碗裏。遇着紅燒菜司。隨時取用的）就可起鍋。肉汁留在鍋中。把和頭加入。煑兩透。盛在碗底裏。上面加紅煑肉。供食。要碗面好看。揀肉塊倒放在碗飯裏。加入和頭。把空三號碗罩上。倒翻轉來。拿去飯碗。加下汁水。碗面就整齊了。若然留待蒸食。上面須蓋盆子。否則有汽水滴入肉中。味道就要減遜的。

十　煑神仙肉

這樣菜。是一個饞嘴和尙。背着人偷吃猪肉。想出這神仙煑法。不用水。只燒半句鐘光景。肉已酥爛可食。比較煑神仙雞。更來得快速。用猪肉二斤。喜吃肥的蹄胖。喜吃精的買坐臀肉。拿來滌淨切塊。扁尖三兩。用水放軟。去老根撕絲切成寸段。陳黃酒好醬油各四兩。冰糖屑四兩。葱一根滌淨折挽。老薑一片。清水一碗。拿肉放在乾隔瓦缽中。(要隔日洗滌。吹乾水氣。)把和頭作料清水。一起加入加上缽蓋。用紙條封固。移置乾鍋中。蓋上鍋蓋。也要封固。用稻草或是茅柴一大捆。均匀挽成十五個柴團。先拿七個。逐一向鍋底燃燒。火力要均匀。莫放牠忽滅忽旺。燒過後。隔一刻鐘。再燒五個柴團。再隔十分鐘。再燒三個柴團。燜一刻兒。就可取出供食。肉已酥爛了。所當注意的。燒的時候。乾鍋上不能着水。一着水鍋要燥裂的。

十一　煑梅花肉

這樣菜是用猪的五花肉。夾精夾肥。最爲合用。刀批成三分厚的薄片。再切成五瓣式的梅花形。同作料和頭煑成的。用猪肉斤半。雞蛋四枚。破殼倒在碗裏。用竹筷調和。香蕈五隻放開去脚切絲。雞湯一碗。熟火腿一兩。切成薄片。素油或葷油六兩。鹽二兩。葱一根滌淨折挽。嫩筍一只。去殼切片。黃酒二兩。煮法、注油入鍋。用急火煮到沸極。切成梅花形的肉片。預先浸拌蛋汁。投入油鍋中。用鏟刀逐一撈開。不要放牠併連。蛋汁中預先摻下鹽少許打和。等到肉片爆透。卽行起鍋。投入另外一只鍋裏。用火煮透。拿酒倒下。加蓋。霎時去蓋。拿雞湯、火肉片、筍片、香蕈絲、葱一起投入。摻下食鹽。加蓋緊密。用文火煮到肉片酥熟。就可起鍋供食了。這樣菜要切成梅花形是煩難的。不過切成見方薄片。用刀在四角劃出五條刀路。爆透後。近似梅花瓣。吃起來入口酥鬆。汁要寬。味道鮮美非常。

十二　煮粉肉湯

這樣菜是四川幫館子裏發明的。又叫川肉湯。用猪的腰尖肉一斤。滌淨。用刀批成三分闊厚。七分長的薄片。摻上少許鹽。用黃酒一兩浸着。待用菉豆粉一杯。攤在乾竹籩裏。拿肉片逐一放入。兩面塗粉候用。嫩筍一只。去殼及老根。切片。熟火肉一兩切片。黃酒一兩。食鹽一匙。素油四兩。麻油少許。煮法、注油入鍋。用急火煮沸。投入肉片。用骨筷頭急急分開。莫放牠併連。用爆透。鐵絲笊籬撈起。瀝乾油候用。換湯鍋置爐火上。投入雞湯同火肉筍片。用急火煮到極沸的時候。投入肉片並酒、葱、煮熟加鹽調和鹹淡。即可起鍋。加麻油供食。還有一種煮法。肉片不入油鍋爆透。等到雞湯同和頭煮到百沸的時候。再煮幾透。加鹽起鍋。肉片雖然發嫩。不過菉豆粉散落湯中發渾濁。不及先行爆透煮成的來得清鮮有味。這樣菜鹽宜少用。多鹽少鮮。嫌淡。臨吃時蘸醬油。味道更好。

十三　煮猪頭膏

這樣菜、江蘇人是不喜吃的。惟有川陝湘鄂等商人。每遇過年接路頭。必用鮮猪頭一個。次日煮成連膏。不精不肥別有鮮味。不過要收凍得潔淨。買鮮猪頭一個。放木盆中。

用沸水泡浸。拿鐵鉗細細拔淨猪毛。要化半日功夫。方能拔盡。拿快刀刮淨頭皮耳朵上的灰色皮。收拾白淨。用刀切成兩爿。放入大湯鍋中。加下黃酒三兩葱三根折挽。老薑三片。淸水六七升。以鍋中七分滿爲度。鍋底用樹柴燃燒到沸透。去蓋。加少許冷水。用湯勺撩淨氽起的血沫。加蓋再燒到沸透。再撩去氽起的血沫。挪末加下一兩升沸水。加蓋緊密。莫使有洩氣。用樹柴的均匀火力。淡煑六七個鐘頭。去蓋。用筷頭試戳。不用力能夠戳入猪頭中。方可取出。置木板。拆去骨頭。把猪頭肉撕成粉碎。仍放入原湯中。加蓋煑沸。去蓋。篩下黃酒四兩。加蓋煑沸。去蓋。加入醬油半斤。鹽三兩。加蓋煑到十分糜爛。加下白糖半斤。用鏟刀攪和。把肉炒爛煑透。挪末起鍋。盛在淺口缸鉢裏。放冷處一夜。使牠凝凍結實。然後倒出來。切塊供食。這是粗肴。有許多人不要吃的。常言道火到猪頭爛。只要火候足。收拾得潔淨。鹹淡煑得適宜。也有一種滋味的。

十四　煑肉圓湯

這樣菜。是淸煮的。至於紅燒肉圓見下。買猪的腿花肉一斤。滌淨切成薄片。塞入搖肉醬小機器中。一陣亂搖便成極勻細極鬆的肉醬。若用刀斵切。堅實不鬆。好得這種機器。價値不過一只大洋上下。何妨置備。拿肉醬置湯盆中。加入砂仁末一錢。葱屑一中匙。食鹽兩大匙。黃酒少許。用竹頭輕鬆和。用湯匙撈起。一匙做成一圓子。倒在掌心中。搖動滾圓。放在碟子裏候用。不可經手指搓揑。一搓揑便堅實不鬆了。鷄湯一大碗。細粉六兩。這是做和頭的。黃酒食鹽各少許。煑法、先把肉圓放飯鍋上蒸透。一面把鷄湯放入鍋中加一半淸水。用急火煑到沸透。加入肉圓同酒鹽。加蓋煑一沸。去蓋。把細粉放冷水中滌淨。取起瀝乾。加入肉圓湯。等到煑透。速卽起鍋供食。這樣菜湯水要寬。細粉下鍋後。一透。先把細粉撈起。再盛肉圓和湯。因爲細粉。過火就要痒化的。這是專供吃飯用的。湯水越寛越好。

十五　紅煑肉餅（又叫大燒獅子頭）

這樣是蘇幫館子裏的佳肴。也是家常必備的美味。買腿花肉二斤。滌淨。切成薄片。用機器搖成肉醬固好。不過普通都用快刀斲切成肉醬。放在瓦缽裏。加入炒米粉一小碗。這是拌在肉裏。使肉醬不變結實的。砂仁末一錢。食鹽一兩。葱屑一大匙。嫩筍一隻。去殼及老根。切成極細的筍屑。一併加入肉醬中。用竹筷輕鬆攪和。用湯匙撈起堆高一滿匙。倒在左手掌心中。五指搖動。使牠凝聚。倒在右手掌心裏。左右倒轉兩三下。肉醬凝結成扁圓形。放在湯盆裏。再撈再做肉醬做盡爲止。肉餅要像饅首一半高。一樣大小。待用。素油或葷油半斤。好醬油六兩。黃酒六兩。白糖四兩。鷄湯一大碗。百叶八張。切成二分闊。一寸長的細絲。用沸水泡透。擠乾候用。葱一根。滌淨折挽。老薑二斤。煑法、注油入鍋。用急火煑到極沸。把肉餅逐一放入。煎黃一面。翻轉再煎一面。肉餅多。不要一起下鍋。留一半油。先投入一半肉餅。當心莫放牠併連。兩面煎黃了鏟起。再注一半油下鍋煑沸。把留下一半肉餅投入。兩面煎黃。那末把鏟起的肉餅加入。投入葱薑。拿酒向鍋底四邊篩下。隨手加蓋。霎時去蓋。加下醬油同鷄湯。改用文火。煮到熟爛摻下白糖調和。把百叶放在肉爿一邊。煮到汁厚。就可起鍋。加些蔴油供食。味道鬆肥好吃。和頭不一定用百叶。用菜心。或用白菜。皆須先行煮爛加入。

十六　菜心煮肉片

這樣菜。是大菜上市當兒的家常菜。飯館裏也有的。買猪肉一斤。喜吃精的買坐臀。喜吃肥的買腿花。拿回來滌淨。切成二分厚三分闊六七分長的肉片候用。剝去邊葉的淨菜心半斤。滌淨。每棵豎剖作兩爿或四爿。葷油二兩。素油四兩。鹽一撮。好醬油三兩。白糖一兩。黃酒一兩。葱一根。滌淨折挽。蔴油少許。鷄湯一碗。淸水也可用的。煮法、倒葷油入鍋。用急火煮到沸極起靑煙。投入菜心。用鏟攪炒到八分熟。摻下少許鹽花。鏟起待用。用布揩淨油鍋。倒下素油。放旺火上煮到起靑煙。投入肉片。和葱。用鏟急急篩炒。見肉色。拿酒向鍋底四邊篩下。隨手加蓋。霎時去蓋。加入醬油、雞湯、或是清水一碗。加蓋用文火煑到肉片酥熟。去蓋。摻下白糖調和鹹淡加入菜心。煑透即可起鍋加麻油供食。菜心下鍋。不加鍋蓋煑透。菜心的青色不變。味道甜美。格外好吃、還有一種煑法。菜心不先煑熟等到肉片爆透加下黃酒後。拿菜心同醬油清水一起下鍋。加蓋煑熟起鍋供食。菜心雖然煑得入味。不過菜色變黃。有些熟湯氣的了。

十七　煑黃瓜嵌肉

這樣是六七月裏的時新菜。黃瓜老了。就不能做和頭哩。買豬的腿花肉一斤。用水滌乾瀝淨。先批成薄片。臠切成肉泥。塞入搖肉醬機器中搖出更好。買五六寸長的黃瓜三四條。削去青皮。橫切成半寸長的塊段。用竹筷頭戳去中間的子瓤。一面摻下少許鹽。同砂仁末一錢。黃酒少許在肉泥中。用竹筷攪和撈起一疊。塞入黃瓜的空隙中。以滿爲度。放在湯盆中。再撈再塞。塞全爲止。倘有肉泥賸餘。再添黃瓜再塞。倘然有黃瓜賸餘。只好另作用。預備香蕈四只。用水放開。去脚切絲。扁尖四根。用熱水放軟。摘除老根。撕絲切成寸段。這兩樣是做和頭的。放香蕈扁尖水。濾去沿屑待用。素油四兩。好醬油三兩。黃酒半兩。白糖一兩。葱一根。滌淨折挽。老薑一片。麻油少許。煑法、注油入鍋。用急火煑到沸極。拿黃瓜一一豎直放下。煎黃一面嵌肉。用筷頭夾住倒轉再煎。油須留存少許。翻轉後徐徐加下。須用烈火。兩面煎黃了。放下葱薑。拿酒向鍋底四邊篩下。隨手加蓋。霎時去蓋。拿醬油香蕈。扁尖、放香蕈扁尖水一併下鍋。加蓋。改用文火煑到黃瓜酥爛。摻下白糖調味。煑透就可起鍋。加麻油供食了。這樣菜黃瓜要煑到十分熟纔好吃。火力要均勻。若然火力欠缺。非但黃瓜發硬。味道也不好吃了。

一八　煑茄子嵌肉

還樣菜的煑法。同黃瓜嵌肉。不過嵌的手續是不同的。買猪的腿花肉半斤。滌淨。斬切成肉泥。買芋艿狀的大茄子四只。滌淨去柄。每只用刀豎切四條。離茄柄半寸切起。不可以脫落。一面摻下鹽少許。黃酒少許。砂仁末一錢。用筷頭攪和撈起。一手揿起、切開茄子的上兩爿。一手把筷頭撈肉塗在茄子的中間。拿肉泥先分作四份。每只茄子塗一份。把揿起的茄片蓋上待用。整備素油三兩。好醬油三兩。黃酒半兩。白糖一大匙。葱屑少許。雞湯或肉湯半碗。煑法、注油入鍋。用急火煑到沸極。放入茄子。下鍋要注意。預先放在碟子裏。左手執住碟子。湊到油鍋裏。右手拿茄子推入鍋中。那末塞的肉不致落出。不過下鍋時須把煎鍋離火。否則要有熱油濺到手上。不是耍的。若然煎鍋不能够移動。只好把火暫須壓低。使油不發沸濺。等到下鍋後。再行撥旺。煑到茄子七分熟。用鏟翻轉再煑片時。拿酒鍋向底四邊篩下。並加葱薑。隨手加蓋。霎時去蓋。加下醬油雞湯。無雞湯淸水也可用的。加蓋煑到茄子酥爛。摻下白糖調味。煑到汁濃厚。就可起鍋供食了。

十七 煑肉塞爪尖

這樣菜。用鮮肉屑同火肉屑塞在爪尖裏煑成的。買猪脚爪六七只。拿來拔淨短猪毛。用刀刮淨皮上的烏皮。切成寸段。放冷水鍋中煑兩透取起。拆去粗骨。鮮猪肉半斤、滌淨。切成細屑。加入鹽酒葱屑各少許。用竹筷攪和。撈起塞在爪尖裏。約七分滿。用生火腿二兩。去皮切成細屑。也塞在尖爪裏。以滿爲度。嫩筍兩只。去殼及老根切片。香蕈四只。放開去脚切絲。火腿湯兩碗。黃酒半兩。葱一根鹽少許。煑法、拿尖爪入鍋。加一碗淸水。同黃酒。用急火煑到半熟。加下火腿湯同各種和頭。加蓋用文火煑到十分酥熟。就可起鍋供食了。

二七 煑風胖

這樣菜。是用猪的蹄胖。同風魚煮成的。所以叫做風胖。蘇州館子裏的美味。買蹄胖一斤。要猪的七星蹄。精肉多。拔淨短毛。刮盡皮垢。切成整塊。放少許冷水鍋中。加些黃酒同葱一根。用急火煮到沸透。用笊籬撈起。清水沖淨血沫。放入砂鍋或湯鍋。加清水兩碗。以透過寸許爲度。用酒糟風魚二兩。黃酒一兩。鹽少許。薑一片。一併加入。加蓋緊密。用文火煮三小時。就可起鍋好食了。糟魚中的鮮味顏色。都鑽入蹄胖裏。雖不用醬油。肉色已發淡紅。味道好吃異常。不過初煮。約不準水量。煮了兩點多鐘。只好去蓋觀看。若嫌湯乾。可加沸水一碗。再煮。湯水要寬。味宜淡。臨吃時可蘸醬油。煮得鹹了。鮮味大減。

二二 煮醬油蹄子

這樣菜是烏鎮地方。新年裏的家常美味。隔年十二月下旬。買猪的七星蹄十隻。拔淨猪毛。刮淨皮垢。冷水滌淨。掛風透處半日。拿來浸在好醬油缸裏。約用醬油三四斤。以浸過猪蹄三四分爲度。約浸兩三星期取起掛在透風無日處。隨時煮食。這種醬油蹄煮魚肉蔬菜吃很有鮮味。煮法、拿兩只猪蹄放入鍋中。加冷水透過猪蹄兩寸光景。用急火煮沸。倒入三兩黃酒。改用文火。煮三小時。加入白糖六兩調味。見汁濃厚。就可起鍋供食。味道和煮火狀一樣好吃。煮的時候。注意水量。最好一次加足。煮到酥爛。湯汁要寬。吃起來肉發酥軟。若然煮乾了。添水煮熟。肉要炙老嚼不爛的。

二二　淸煮火狀

火狀是用火腿煮成的。用金華南腿半斤。須帶方形。熱水滌淨用刀刮去皮垢。削去壞肉。放鍋中。加淸水兩碗。用急火煮沸。拿湯勺撩淨氽起的浮沫。篩下黃酒少許。加入老薑一片。加蓋。改用文火煮二小時用筷頭試爛。切能够向火肉上直戳到底。已經十分熟爛。加下三只香蕈。放開切成的細絲。摻下一撮白糖調味。就可起鍋供食了。

二三　蜜炙火狀

這樣菜。是用冰糖同火肉煮成的。用南腿肉半斤。要腿的中段。見方一塊。熱水泡過。刮去皮垢。削淨壞肉。放鍋中。加冷水兩碗用急火煮沸。拿湯勺撩淨浮沫。改用文火加黃酒少許。加蓋煮到十分酥熟。加下冰糖屑少許。用文火煮到糖熔汁厚。就可起鍋供食了。

二四　清煮鴿蛋

這樣是上等酒席上的美味。例用十個鴿蛋。放少許冷水鍋中煮透。取起浸冷水中片刻。逐一取起。輕敲兩下。剝去蛋殼待用。鮮鷄湯一碗。麻菇四隻。用水放開。去脚切薄片。嫩筍半隻。揀嫩尖切片長約半寸。熟火腿六片。長約半寸。闊三分。同鷄湯一併放入鍋中用急火煮沸。拿湯勺撩淨浮沫。投入鴿蛋。篩下少許鹽同黃酒。改用文火徐徐煮透。就可起鍋。用湯勺先撩起鴿蛋。隨手鏟起和頭置碗底。拿鴿蛋鋪在上面。湯水要寬而淸。吃起來用湯匙撈一個鴿蛋帶湯吃的。不但味道鮮美。並且帶淸補的。所以名貴、實則鴿蛋貴到一角小洋一個、十個鴿蛋。也不過價值一元。吃客卻都看得名貴非常。除非家中養鴿生下許多鴿蛋。纔檢得煑來做菜吃。

二五　煑虎皮鴿蛋

這樣菜也是用鴿蛋同和頭鷄湯煑成的。所用和頭及煑法。與淸煑鴿蛋一樣的。就不過鴿蛋煑熟去殼後。再放入葷油鍋中略爆一透。隨手用笊籬撈起。浸在冷水碗裏。片刻撈起。氽過的蛋白起皺紋。入口發鬆酥。不過爆氽過火了。反而變硬結實不好吃了。所以投入油鍋。眼光注視。見蛋白起淡黃色。急速拿鐵絲笊籬撈起浸入冷水中。每煑也用十個鴿蛋。爆氽後加入和頭鷄湯中的煑法。和上文一樣。不必再說了。味道和淸煑的無二。惟鴿蛋發鬆酥些。

二六　煮蘋菓豆腐

這樣菜。並不是用蘋菓。也不是用豆腐煮的。那是用鷄蛋白。同鷄肉屑火肉屑煮成的。形狀好像切成兩爿的蘋菓。入口好像豆腐。故而叫做蘋菓豆腐。用鷄蛋八枚。每個頭上破一小孔。濾出蛋白來。盛在一只碗裏。摻下少許鹽。並黃酒兩三滴。加入熟火肉細屑。同半熟鷄肉細屑。（全熟鷄肉鮮味走失。半熟鷄肉多鮮味。）並少許菉豆粉。用竹筷頭調和。拿湯匙撈起。倒在上等酒館裏用的小飯碗裏。八個蛋白可以分作兩碗。上面蓋着盆子。放蒸鍋上隔水煮透。取出去盆。把飯碗倒置在熱炒碗裏。用手向飯底上輕敲幾下。蛋白汁混合物落在熱炒碗裏。移開飯碗。形如半爿蘋菓。且帶微綠色。那末加下鮮鷄湯。並熟火肉片六片。嫩筍十幾片。再放蒸鍋上。加盆作蓋。用急火蒸透。就可起鍋供食了。煮這樣菜。難存蛋白汁混合物。放在飯碗裏蒸熟後。最怕像蒸蛋似的倒不出。飯碗裏預先要塗少些素油。然後把蛋白汁倒入蒸熟後。就容易倒出了。還有一種簡易煮法。不預先蒸熟。撈在飯碗裏就倒置在加好和頭的碗裏。加下鷄湯。隔水蒸透。速即把飯碗取起。這時蛋白汁尚未凝固。不會粘住的。

二七　煑葛仙米湯

葛仙米、是海味店裏出售的。拿牠同和頭鷄湯煑熟了。別有風味。買葛仙米四兩。煑爛放開。形似新鮮葡萄。不過小些。沒有子和酸味的。放好待用。半熟鷄肉一塊。熟火肉一塊。嫩筍一隻。去殼及老根。以上三樣各切成骰子塊。鮮鷄湯一碗。好醬油一兩。酒少許。麻油少許。煑法、拿三樣和頭同鷄湯放入鍋中。用急火煑沸。用湯勺撩淨浮末。篩下酒再煑到沸極。投入葛仙米。改用文火。徐徐煑透。加下醬油。調和鹹淡。就可起鍋供食。煑這樣菜鷄湯要寬。味道要和淡。吃起來纔有鮮味。

二八　煑松子鷄尖

鷄尖。就是鷄膀。其肉最嫩。拿牠同松子肉和頭煑成了湯炒。鮮嫩異常。用生鷄膀中段兩對。放煑鷄湯鍋中煑到七分熟。取起。拿快刀切成短段。每段長一寸。再用刀把每段批作兩爿。上一爿無骨。下一爿的骨頭用手指拆去候用。去殼松子肉一中匙。切成細屑。生火腿一片。切成細屑。兩相拌和。把切開的鷄膀。平鋪在盆子裏。須鷄肉向上。鷄皮貼盆。摻上松子肉火肉屑。要摻得均勻。滿鋪鷄肉上。用碗蓋着。隔水或放飯鍋上蒸透。起鍋待用。這時松末屑同火肉屑。黏附鷄肉上。移動不會落下哩。那末拿嫩筍一隻。剝殼去老根。切成薄片。熟火肉一小塊批成薄片。鹽少許。黃酒半兩。鮮鷄湯一大碗。拿火肉片筍片同鷄湯放入鍋中。用急火煑沸。拿湯勺。撩淨浮沫。再煑到百沸的時候。改低火力一手拿着盛鷄尖的盆子邊湊到鍋底。一手推鷄尖下鍋。須松末火肉屑向上。篩下少許黃酒。摻下少許食鹽。加蓋用文火煑透。就可起鍋供食了。起鍋時要注意。先鏟起和頭置碗底。再鏟起鷄尖鋪在碗面。最後鏟起湯水澆下。還有一種煑法。松末屑同火肉屑摻在鷄尖上。注些酒同鹽。隔水蒸到十分成熟取起待用。一面拿和頭同鷄湯下鍋煑熟。盛在碗裏。鋪在鷄尖。上蓋盆子。放蒸鍋上蒸透供食。味道是差不多的。注意蒸鷄尖用的盆子同罩碗。預先要浸在冷水鍋中煑一個沸透。取起。那末放蒸鍋上乾蒸。不致爆裂。不先入冷水中煑透。就拿來隔水蒸菜。一定要爆裂。所以家常購置盆碗。先入冷水中煑透後用。可免爆裂了。

二七　煑松花蹄筋

這樣菜是用猪蹄中的筋。同和頭鷄湯煑成的。煑法有兩種。一種拿新鮮蹄筋放鍋中。加冷水黃酒葱薑。用文火。煑到酥熟爲度。取起切成寸段。同火肉片、鷄肉片、嫩筍片、鷄湯等。用文火徐徐煑成的。一種拿風乾蹄筋放冷水鍋中煑透取出。吹乾水分。於素油鍋中爆鬆後。撈起切成寸段。也用上列幾種和頭煑成的。這個就叫松花蹄筋。入口酥鬆格外入味。不過手續複雜一點。煑法、買乾蹄筋五根。放冷水鍋中煑軟放開。取起瀝乾。拿半斤素油入鍋煑沸。投入蹄筋。爆透作淡黃色。拿笊籬撈起。切成寸段。爆氽時要注意。爆氽過火了要發焦硬。爆氽不透。不發酥鬆。要爆得全體發鬆。恰到好處的時候撈起。這卻非老廚司不辦。所以現在館子裏都用新鮮蹄筋煑成。就是點菜要松花蹄筋。也要回答沒有。可見爆氽手續不易的了。和頭用嫩筍片。火肉片。熟鷄肉片、各一大匙。鷄湯一大碗。鹽一撮。老薑一薄片。拿爆氽的蹄筋同鷄湯放入鍋中。用急火煑沸。用湯勺撩淨浮沫。篩下黃酒。投入薑片。加蓋煑沸。加下和頭食鹽。汁少再加些鷄湯。改用文火煑到蹄筋酥熟入味。下白糖調味。就可起鍋盛在碗裏。用筷頭把蹄筋夾在中間一邊放筍片火肉片。一邊放鷄片。這個叫做整理碗面。放到席面上好看得多哪。不獨這樣菜如是。樣樣菜要把碗面整理的。

三十　煮腰片鷄絲湯

這樣菜同三絲湯差不多煮法的。買猪腰一只。剝去外皮。剖成兩爿。用刀頭挖去中間的白筋。用一爿。四圍用刀頭切成一分深闊的刀路。再批成薄片。用冷水滌淨。待用。嫩筍一小隻。去殼及老根。切成寸許長的薄片。熟火肉一小塊。熟鷄肉一小塊。各切成薄片。黃酒一兩。鹽一撮。鷄湯一大碗。先拿鷄湯入鍋煮沸。投入三樣和頭。用文火煮到筍絲十分酥熟。拿腰片下鍋。篩下黃酒。隨手加蓋。改用急火煮透。去蓋下食鹽。就可起鍋供食。腰片不耐火力。一透速速起鍋。入口鮮嫩好吃。多煮越燒越老。不好吃了。

三一　炊糟（又叫淸煮頭尾）

這樣菜是拿青魚的頭尾。用五香糟糟半日。滌淨了。用清水煮成的、所以叫做炊糟。買青魚頭尾半斤。用五香糟一杯塗敷三小時。（不是普通酒糟。另有一種香糟。專供糟魚肉鷄鴨及素物用的。）鹽一撮細粉一碗。放清水中漂淨。瀝乾待用。煮法、洗去香糟。把頭尾切成半寸見方的塊放一大碗清水在鍋裏。用急火煮沸。投入魚塊。並葱一根。薑一片。加蓋煮到沸透。用湯勺撩去上面的浮沫。摻下鹽。改用文火煮到成熟。投入細粉煮透。就可起鍋供食了。味帶清鮮。頗覺好吃。

三二　紅燒頭尾

這樣菜。也是用青魚的頭同尾巴。用醬油同和頭煮成的。買新鮮的青魚頭尾半斤。（魚攤同茶食店常有單售頭尾的）拿來滌淨。切成半寸闊。一寸長的魚塊。用黃酒二兩。醬油二兩。浸着待用。大菜一斤。剝去邊葉。單用菜心。用清水滌淨切斷。葱一根。滌淨折挽。薑一片。素油或葷油五兩。醬油三兩。黃酒半兩。鹽一撮。白糖一兩。顏色一茶匙。煑法、倒一半油入鍋。用急火煑到沸極。投下大菜。用鏟翻抄到脫生。加少許清水。再攪抄到九分熟。摻下一些兒鹽。攪和盛在碗裏待用。拿布揩淨煎鍋。注下一半油。用急火煑到沸極起青煙。拿魚塊倒在笊籬中。瀝乾。投入鍋中。煎黃一面。用鏟翻轉。再煎一面也煎黃了。拿酒向鍋底四邊篩下。投入葱薑。隨手加蓋。霎時去蓋。把醬油鹽同清水一碗加入。加蓋。改用文火。煑到魚塊酥熟。摻下白糖調味。把熟菜心下鍋。煑到汁厚。就可起鍋。先鏟起菜心置碗底。再鏟起魚塊鋪在上面。摻些切細大蒜葉。注幾滴蔴油。乘熱吃。魚肉固然鮮肥。菜心也很有滋味。若然留到次日吃。不宜蒸煑。祇可煑熱了煎鍋。投入重煑一透。起鍋供食。方不變味。

還有紅燒豁水。煑法同和頭作料是一樣的。不過青魚不用頭尾。用魚鰭同肚襠煑成的。味道也是鮮味好吃。

三三　煮黃魚

買鮮黃魚一斤半。大的一條。小的兩條。要揀夾鰓鮮紅。魚嘴魚肚皮深黃明淨。方是新鮮的。用刀刮淨。拉去夾鰓。挖去苦膽。切勿挖破。膽中滿含苦水。一挖破滿腹都苦了。不用破肚。用清水洗滌潔淨。大的切成兩段。放入大碗裏。加入葱、薑、黃酒、醬油、浸一小時待用。薑油或素油四兩。好醬油四兩。黃酒一兩。白糖一兩。葱一根。滌淨折挽。薑一片。醋一匙。不喜吃酸的不用。大蒜兩枚。剝皮拆出。怕大蒜臭的不用。煮法、倒油入鍋。用旺火煮到沸極起青煙。投入黃魚煎黃一面。膹下一兩油。注少許入鍋。鍋離黃魚翻轉。不可以放牠拉去魚皮。最要注意。把膹下的油。向鍋底篩下。火力宜旺。兩面煮黃了。投入葱薑大蒜。拿酒向鍋底四邊篩下。隨手加蓋煮透。去蓋加入醬油、鹽、同清水一大碗。用文火煮到魚肉十分熟透。摻下白糖。煮到汁水濃厚。要吃酸的。加醋起鍋。乘熱吃鮮肥異常。

三四　煮黃魚羹

這樣菜是用黃魚出骨煮成的。味道很鮮。買鮮黃魚一條。愈大愈好。拿來刮淨魚鱗。拉去夾鰓。挖去苦膽。再把腸雜挖出。用淸水滌淨。放蒸鍋蒸煮一透。取出。剪去頭。抽去粗細魚骨待用。素油三兩。好醬油二兩。鹽一撮。黃酒一兩。葱一根。滌淨切成細屑。香蕈三只。放開去腳。切成細屑。鷄湯一碗。眞粉少許。煮法、注油入鍋。用急火煮到沸極起靑煙。投入出骨魚肉。用鏟亂鏟亂篩。莫放他黏併。抄到脫生投入葱屑。拿酒向鍋底四邊篩下。隨手加蓋。霎時去蓋。拿醬油、鹽、香蕈屑、鷄湯一併加入。改用文火煮兩透。下少許白糖同粉膩。見汁厚。就可起鍋供食了。

三五　網油煮鱖魚

鱖魚絕無一根細骨。買鮮活的。用猪網油包着。爆煑好了。味道和煑黃魚差不多。買新鮮大鱖魚一條。拿來削去鱗鰭。破肚。挖去腸膽。膽不可挖碎。用水滌淨。拿刀頭在魚身兩面劃遍三分闊的斜方塊。摻些鹽花。用醬油黃酒葱薑。浸一小時。買猪網油一張。以能够包沒鱖魚爲度。用水滌淨吹乾。素油六兩。好醬油三兩。黃酒半兩。白糖一兩。香蕈三只。放開去脚切絲。熟火肉一兩。切成薄片。麻油少許。醋少許。眞粉膩少許。葱一根滌淨折挽。薑一片。煑法、注油入鍋。用急火煑到沸透。拿網油包住鱖魚投入。爆到網油同魚發黃色。翻轉再爆一面。過嫩過老皆不宜。要恰到好處。拿酒向鍋底四邊篩下。隨手加蓋煑透。去蓋加入葱薑、和頭、醬油、清水、（或鷄湯）一碗。改用文火煑五分鐘。加入白糖和醋。再煑一透。下粉膩攪和。卽可起鍋。加麻油供食了。

三六　紅煑鱖魚

這樣菜。有老煮嫩煮的分別。老煮把魚爆透煮成。又叫紅燒。嫩煮不用油鍋。把魚蒸熟後煮成。（見後）紅煮、買鮮鱖魚一條。愈大愈好。拿來切去魚鰭。挖去夾鰓。破肚挖去苦膽魚泡。清水滌淨瀝乾。放葱薑醬油黃酒中浸片時待用。和頭。用香蕈三隻。用水放開。去脚切絲。熟火肉一兩。切成薄片。這是酒館裏煮法。家常大抵用水百叶五張做和頭。用刀切成寸許長的細絲。用沸水泡去泔水氣。待用。素油或葷油四兩。黃酒一兩。好醬油二兩。鹽一撮。白糖一兩。葱一根。滌淨切細。薑一片。喜吃酸的。用醋一茶匙。麻油少許。煮法、注油入鍋。用急火煮到沸極的時候。投入鱖魚。等牠一面煮黃。用鏟翻轉專煎一面。尾巴須用稻草擱起。否則要烏焦的。兩面煮黃後。投入葱屑薑片。拿酒向鍋底四邊篩下。急速加蓋煮透。去蓋。加入醬油、鹽。同香蕈、火肉、並清水一碗。用鷄湯或放香蕈水更好。改用文火煮到魚肉九分熟。摻下白糖調味。加醋拌和。即可起鍋加麻油供食。若用百叶作和頭。要到加糖的時候。把百叶放在魚的一邊。加下白糖。煮到沸透起鍋。因爲百叶最能吸收作料。

若然和醬油鷄湯一同下鍋。盡被百叶吸去●魚肉淡而無味。所以下鍋要遲。先把水分擠乾投入。放在魚的一邊。少吸去些作料。

三七 㸑鷄雄鱖魚

鷄雄鱖魚。是用嫩㸑法。若然不用鷄雄。用火肉片筍片作和頭。也可以嫩㸑的。叫做清㸑。講到味道。要算鷄雄㸑鱖魚。買六七寸長的鮮鱖魚一條。活的很少。祇看夾腮鮮紅。眼珠明淨。纔是新鮮的。拿刀切去魚鰭。拉去夾腮。破肚挖去苦膽魚泡。用清水滌淨瀝乾。用葱薑鹽花黃酒浸片刻。放蒸鍋上蒸八分熟。取出待用。拿雄鷄腎(就叫鷄雄)一對。放瓦鉢中加清水一碗。拿木杵研爛。倒入稀布中濾出白汁來待用。拿放開去腳的香蕈三隻切絲。熟火肉六七片。葱一根折挽。老薑一薄片。黃酒一兩。鹽少許。粉膩少許。㸑法、拿鷄雄汁同葱薑先入鍋加黃酒少許。用急火㸑透。用湯勺撩去葱薑同浮沫。把熟鱖魚瀝乾。投入。加下和頭。改用文火煮透。就可起鍋供食。味道又鮮又嫩。上等酒席上。常用牠做大菜的。不過要乘熱一次吃盡。若然膹下來。還蒸還煮。都不好吃了。

嫩煮鱖魚也拿鱖魚收拾滌淨。加葱薑鹽酒蒸熟。用竹筍一隻。去殼及老根。切成薄片。入下鍋加清水一大碗。同急火煮到沸透。用湯勺撩淨汆起的浮沫。加入鱖魚。摻下一些兒鹽。注入一兩黃酒。改用文火煮透。就可起鍋供食。要煮得和淡。臨吃時蘸醬油。格外好吃。

三八　煮鰱魚頭

常言道青魚尾鰱魚頭。都是美味。鰱魚頭越大越好。買三四斤重的一個鰱魚頭。用清水滌淨。切不可拉去夾鰓。這樣菜就吃牠夾鰓中的軟肉。不過腥氣非常。多用些酒。火力要煮透。儘牠頭大。不要切開。囫圇放在大瓦鉢中。加入食鹽一匙。葱兩根折挽。薑三片。

黃酒三兩。篩在夾鰓中。醬油二兩。浸半小時。用素油六兩。醬油六兩。黃酒三兩。白糖三兩。食鹽一撮。百叶十張。切成細絲。放沸水浸泡。這是做和頭的。葱一根滌淨切細。老薑兩片切細屑。煮法、注油入鍋。用急火煮到沸極。投入魚頭。煎黃一面。用鏟翻轉。再煎黃一面。拿酒三兩向鍋底四邊篩下。隨手加蓋煮透。去蓋。拿醬油、鹽、葱薑屑一起投入。並加清水一升半。水須透過魚頭一寸。架起樹柴。煮兩小時。火力要均勻。不要過烈。燜半小時。去蓋。細看魚頭熟否。汁水乾否。汁乾加沸水一碗。魚頭未曾熟透。加蓋改用文火煮半小時。見已酥熟。加下白糖。嚐過鹹淡。把百叶擠乾堆在魚頭上。用烈火煮兩透。就可起鍋供食。這樣菜。油多肉少。味道肥極。所以重用百叶作和頭。少許吸去些油分。這樣菜須三四人同食。一次吃了。若然賸下來還蒸來吃。腥氣非常。鮮味也大減了。

三九　辣煮鰱魚

這樣菜。專供嗜辣的人吃的。買鮮花鰱一條。約重一斤。花鰱就是雄鰱。頭大肉多。拿刀刮去魚鱗。切除豁水。破肚。挖去腸雜。注意不要拉碎苦膽。不要拉去夾鰓。用清水滌淨。切成兩段。拿葱薑鹽花黃酒醬油各少許浸片刻待用。素油四兩。醬油三兩。白糖一兩。葱一根折挽。薑一片。辣油一小匙。用紅辣椒同素油熬成的油。嗜辣的用一大匙。豆腐兩塊。切成小塊用清水浸片刻擠乾水分待用。煑法、注油入鍋。用急火煑沸。投入鰱魚兩面煑成黃色。投入葱薑。拿酒向鍋底四邊篩下。隨手加蓋煑透。去蓋加醬油、鹽、清水一大碗。拿豆腐擠乾下鍋。改用文火徐徐煑一小時。魚肉酥熟。掺入白糖調味。加入辣油起鍋供食。味帶鮮辣。不喜吃辣的除去辣油。味道也很好吃。

四十　白湯鯽魚

買活鯽魚一條。約重半斤。養在清水裏。猪油半兩。要買生板油。切成小骰子塊待用。

香蕈三隻。用水放開去腳切絲。葱一根。滌淨折挽。薑一片。黃酒半兩。鹽一小匙。煮法、先拿香蕈絲同清水一大碗入鍋。煮沸。一面把活魚刮鱗去夾鰓。破肚拉去腸雜。若有魚子。留在腹中。放清水中滌淨。投入沸湯中。加入葱薑。煮到沸透。篩下黃酒同食鹽少許。加蓋用文火煮兩透。就可撩淨浮沫起鍋供食。這樣菜要煮得湯多味淡。臨吃蘸醬油。格外鮮嫩。遇到有子的雌鯽魚。要多煮兩透。燜片時再煮一透。要使魚子堅實方可起鍋。若然魚子散軟不結實。便是不熟。須煮熟了。方可供食。魚子很有鮮味。

四一　肉嵌鯽魚

這樣菜、是用猪肉斲切成泥。塞滿鯽魚腹。用醬油煮成的。味道比葱燒鯽魚好吃得多哪。買鯽魚一條或兩條。約重十兩左右。太小不合用的。腿花肉五兩。切去皮滌淨。先豎批成片。橫切成絲。用快刀剁成肉泥。放在碗裏。摻下砂仁末一錢。鹽花葱屑黃酒各少許。

用筷頭拌和待用。素油三兩。醬油三兩。黃酒一兩。白糖一大匙。香蕈三隻。用水放開。去脚切絲。放香蕈水濾淨待用。葱薑少許臨煮時。把養在水裏的鯽魚取起。用刀刮鱗破肚。拉去苦膽腸雜。有魚子留在腹中。拉去夾鰓。用水滌淨瀝乾。把肉泥塞滿魚腹。注油入鍋。用急火煮沸。投入鯽魚。煎黃一面。翻轉再煎黃一面。投入葱一根薑一片。拿酒向鍋底四邊篩下。隨手加蓋。煮沸。去蓋。拿香蕈，醬油、放香蕈水一碗加入。改用文火加蓋煮到十分熟透。摻下白糖調味就可起鍋供食。還有葱燒鯽魚的作料。素油三兩。黃酒一兩。白糖一大匙。醬油三兩。胡葱一束。揀去根鬚。滌淨。直長待用。活鯽魚十兩。削鱗去鰓。破腹去腸雜留子。用水滌淨瀝乾。注油入鍋。用急火煮沸。投魚入鍋。兩面煎黃。投入薑一片。葱一束。拿酒向鍋底四邊篩下。隨手加蓋煮透。去蓋加入醬油。清水一碗。糖油炒成的顏色一小匙。改用文火。煮到十分成熟。摻下白糖調味。煮透就可起鍋供食了。

四二　煮鱸魚

鱸魚無細骨。鮮味和黃魚相似。松江的四鰓鱸。那是遠近著名的美味。就是各地的鱸魚。只要是當日起水的也頗有鮮味。此魚起水卽死。若在熱天。經過一兩日。就要變味不好吃了。買鮮鱸魚十兩拉去夾鰓。破肚挖去苦膽腸雜滌淨兩面用刀遍劃斜方刀路。用葱薑醬油黃酒浸片時。素油三兩。鹽一撮。醬油一兩。黃酒半兩。葱一根。滌淨切細。薑一片。白糖一匙。清水一碗。水百叶三張。切成細絲。沸水浸透。擠乾待用。注油入鍋。用急火煮沸。投入鱸魚。兩面煎黃。加入葱薑。拿酒向鍋底四邊篩下。急速加蓋煮沸。去蓋。拿醬油、鹽、清水一碗加入。改用文火煮一透。拿百叶投入。再煮兩透。摻下白糖。見糖溶汁膩。就可起鍋。加麻油供食。魚肉鮮嫩異常。起鍋宜快。火候過了。魚肉要發老的。

四三　紅煮甲魚

甲魚。又名圓菜。牠的肉和鷄肉差不多。不過腥氣異常。全靠煮來得法。非但味美。且有滋陰降火等功效。在穀雨前後。叫牡丹甲魚。牠的肉格外鮮嫩。買甲魚兩隻。約重一斤上下。用刀向頭頸中宰一刀。倒掛瀝盡血。放熱水鍋中。加少些葱薑酒煮一透。取起。用刀切成四爿。剝去硬殼及肚中腸雜。滌淨軟蛋留下同煮。切成半寸長的小塊。用黃酒鹽花葱薑浸片時。素油四兩。好醬油二兩。黃酒二兩。冰糖屑二兩。麻油一錢。春筍兩隻去殼及老根。切成纏刀塊。這是做和頭的。煮法、注油入鍋。用旺火煮到沸極起靑煙。投入甲魚。用鏟翻抄到脫生。拿二兩黃酒向鍋底四邊倒下。投入葱薑。隨手加蓋。用旺火煮透。去蓋。拿醬油、筍塊、淸水一碗加入。改用文火。煮到酥熟。去蓋。摻下冰糖。略攪煮透。嚐過鹹淡。見糖溶汁厚。就可起鍋。加麻油供食。有紅燒童子鷄的鮮味。要乘熱吃。若然賸留次日。還蒸還煮來吃。便發腥氣了。

四四　淸煮甲魚

這樣菜的煑法和紅燒差不多的。不過用鹽不用醬油。湯汁寬一點。買甲魚兩只。宰殺拆骨切塊稍浸、如前法。鹽一兩。白鷄湯一大碗。香蕈三只。放開去脚切塊。熟火肉一兩。切成薄片。黃酒五兩。葱一根。滌淨折挽。薑一片。麻油少許。煑法拿鷄湯同火肉香蕈先下鍋。用旺火煑沸。投入甲魚塊同葱薑黃酒。加蓋用急火煑透。去蓋。用湯勺撩淨浮沫。改用文火。加蓋。煑到酥熟。摻下食鹽。調和鹹淡。以淡爲妙。這樣菜大抵是病後吃的。取牠滋補降火退腫等功效。鹽宜少用。鹹則功效失去了。

四五　煑塘裏魚

二三月裏的塘裏魚最肥。名叫菜花塘裏魚。拿來煑清湯吃。鮮美無比。買活塘裏魚半斤。愈大愈好。香蕈四只。用水放開去脚切絲。扁尖兩根。放軟去老根。撕絲切成寸肢。黃酒二兩。葱一根。滌淨折挽。薑一片。鹽少許。拿魚刮鱗去夾鰓。挖去苦膽肚腸留子。用水滌淨。一面拿放香蕈扁尖水、濾淨下鍋煮沸。拿魚同和頭葱薑一併下鍋。燒一個沸透。加下酒同鹽。加蓋再煮兩透。用湯勺撩淨氽起的浮沫。用筷頭撈去葱薑。盛在碗裏供食。魚肉嫩。湯水清鮮味勝過鷄片湯。還有紅煮塘裏魚。用活塘裏魚一斤。拿來刮鱗挖去夾鰓腸臢。用水滌淨。浸葱薑醬油黃酒中待用。和頭用百叶五張切絲。用沸水泡去泔水氣。擠乾待用。或用甕雪裏紅。削去根葉。把梗切成屑半飯碗。素油三兩醬油二兩黃酒一兩白糖一大匙。葱一根。滌淨切細。薑一片。煮法、注油入鍋。用旺火煮沸。拿魚投入煎黃一面。用鏟翻轉。等到兩面煎黃。摻上葱屑薑片。拿酒向鍋底四邊篩下。隨手加蓋煮透。去蓋。拿醬油同和頭加入。並加清水一碗。改用文火。煮到魚熟。加下白糖。煮到糖烊汁膩。就可起鍋供食了。

四六　煮鰣魚

鰣魚、是魚類中頂鮮的美味。不過此魚離水卽死。並且上市正當端陽節後。天熱鮮魚極易變味。只有海濱居戶。買得到剛起水新鮮鰣魚。約重十兩左右一段。拿來滌淨。不要刮鱗。用葱薑醬油酒浸五分鐘。備葷油四兩。黃酒一兩。好醬油二兩。白糖一大匙。葱一根滌淨折挽。薑一片。熟火肉一兩切成薄片。喜吃肥的。加生板油三錢。切成骰子塊。煑法、注油入鍋。用旺火煑沸。投入鰣魚。鱗向上。煎到魚肉變色。投入葱薑板油。拿酒向鍋底四面篩下。隨手加蓋煑透。去蓋。加入醬油、火肉片、幷淸水一碗。改用文火。煑到魚熟。摻下白糖調味。煑到糖烊汁膩。就可起鍋供食。味道鮮肥無比。淸燉更鮮。

四七　煑刀魚

刀魚是淸明前後的時鮮。鮮味推魚類中第一。細骨頗多。也是無出其右的。予有詠刀魚詩云。「刀魚風味無倫比。細骨繁多貓怕嚐。」骨多可想見了。買頂大的刀魚兩條。

挖去夾鰓及肚雜。滌淨。切成兩段。浸在葱薑醬油酒裏。素油三兩。黃酒一兩。好醬油二兩。薑一片。白糖一大匙。嫩金花菜。去梗單用葉四兩。滌淨待用。這是做和頭的。煑法、注油半兩入鍋。用急火煑沸。投入草頭。用鏟攪抄到脫生。摻些兒淡鹽花。注少許酒。用筷頭攪和。撈起置底盆裏。用布揩乾煑鍋。拿油一起注入。用旺火煑沸。投入刀魚。改用文火。略爆卽用鏟翻轉因爲刀魚身小肉嫩。經不起火力。只要爆到脫生。投入薑片。拿酒向鍋底四邊篩下。隨手加蓋。霎時去蓋。拿醬油、板油、同清水一湯勺加入。用文火煑兩透。摻下白糖。見糖熔膩汁就可起鍋。鋪在金花菜上。拿汁水加入。就可供食。味道鮮肥無比。不過吃牠要細心吐去細骨。兒童小孩不宜吃。恐怕細骨鯁喉。不易取出。危險非常。

四八　煑刀魚羹

刀魚味鮮骨多且細。大家怕細骨鯁喉不敢吃。祇須照下法除盡魚骨。煑成羹。就可大嚼了。買刀魚一斤。刮鱗破肚。挖去膽腸。滌淨待用。青橄欖十枚。用小刀削下肉來。置石缽中。拿石杵搗爛待用。嫩筍一隻。去殼及老根。切成小骰子塊。熟火肉一兩。切成小塊。香蕈四只。用水放開去腳。切成小塊。鷄湯一碗。葷油一兩。好醬油二兩。黃酒一兩。麻油一錢眞粉一小塊。用冷水一杯化開待用。煑法、拿兩張水百叶。用熱水泡過。貼在鍋蓋的裏面中間。每張的四角。用針牢牢釘住。莫放牠脫落。那末拿刀魚脊骨滿塗橄欖汁。拿脊骨刺牢在百叶上。刺得要牢固。鍋中放着一碗清水。蓋上刺刀魚的鍋蓋。點火燒到魚肉脫落鍋中。魚骨留在百叶上。揭蓋拿去刺魚骨的百叶。盛起魚肉。檢查有無細骨在內。有則用手指拿淨待用。把葷油倒入煑鍋中。用急火煑沸。投入三樣和頭。用鏟攪炒到脫生。拿魚肉同葱一根。薑一片加入。篩下黃酒。隨手加蓋煑沸。去蓋加入醬油鷄湯。改用文火煑兩透。加粉膩少許。攪和煑透。卽可起鍋。粉膩少用爲妙。不用亦可。這樣菜乘熱吃鮮美無比。但不可留賸。還蒸來吃。便覺腥氣少鮮了。祇可留些出骨魚肉。再煑來吃。

四九　煮淡菜

淡菜、一名東海夫人。俗稱貢干。是海味店裏。形似蛤蜊肉。無殼無骨。約用淡菜一斤。放冷水鍋中煮一透。撈起一一揀淨。浸漂清水中待用。猪的腿花肉半斤。切成小塊。放少許冷水鍋中煮一透。用細眼笊籬撈起。拿清水沖淨血沫。瀝乾待用嫩筍一隻。去殼及老根。切成薄片。肉汁濃湯或是鷄湯一碗。黃酒二兩。好醬油四兩。葷油四兩。冰糖屑二兩。鹽一撮。葱一根。滌淨折挽。薑一片。麻油、胡椒末各少許。煮法、倒葷油入鍋。用旺火煮到沸極起青煙。拿放軟的淡菜擠乾。同猪肉塊一起投入。用鏟急急亂抄亂篩。抄到全體爆透。投入葱薑。拿酒向鍋底四邊篩下。隨手加蓋。煮法、去蓋。拿醬油筍片、同肉汁一起下鍋。蓋密。改用文火。燜煮到酥熟。摻下冰糖屑。若嫌汁乾。添些肉湯或清水。煮到糖熔汁膩。嚐過鹹淡。嫌淡加鹽食一撮。煮沸。就可起鍋供食。這樣菜要燜煮兩小時。使淡菜酥爛入味。煮好就吃。不甚入味。越還蒸越好吃。家常煑來吃。最爲合宜。

五十　煑鯊魚皮

鯊魚很大。牠的鰭就是魚翅。牠的皮很厚很肥。放煑得法。味道和魚翅差不多。買鯊魚皮一張。放多量冷水鍋中。燒兩透。燜半小時。再燒兩透。再燜半日。取起放冷水缸中浸一日夜。若然皮已發大變軟。那末拿手指刮去外面一層烏皮。要刮得乾淨再放冷水鍋中煑兩透。燜兩小時。取起。漂清水中待用。和頭用精猪肉一斤。滌淨煑一透。撈起瀝乾。切成肉絲。竹筍半斤。去殼及老根。切成細絲。肉汁濃湯或是鷄湯一大碗。葱兩根滌淨折挽。薑兩片。葷油六兩。好醬油六兩。黃酒四兩。冰糖屑四兩。鹽一小匙。大茴香一隻。麻油二錢。煑法、拿放得鬆軟的魚皮。切成半寸闊。寸半長的排塊。倒油入鍋。用旺火煑沸。投入肉絲。攪抄到脫生。加入筍絲。再攪抄三分鐘。加入魚皮再抄片刻。投入葱薑。拿黃酒向鍋底四邊篩下。加蓋煮透。去蓋。投入醬油鹽。肉汁濃湯。改用文火。加蓋徐徐煮到魚皮酥熟入味。掺下冰糖。煮到糖熔汁膩。嚐過鹹淡。就可起鍋。加麻油胡椒末供食。味道和紅燒魚翅差不多。賸留還蒸。越蒸越入味。

五一　煮蝦仁野菜羹

這樣菜。是春天的時鮮。等到野菜開花。葉梗變老。不好吃了。買水晶蝦十兩。擠出蝦肉來。野菜四兩。揀淨放多量清水中滌淨泥垢。再用清水沖過。瀝乾。切成細屑。擠乾菜汁待用。豆腐兩方。瀝去泔水。切成骰子塊。素油二兩。鹽一匙。黃酒半兩。香蕈兩只。放開去腳切細。麻油一錢。粉膩少許。倒油一兩入鍋。用急火煮沸。投入野菜。用鏟一陣攪抄。掺下少許鹽。盛在碗裏。用布揩淨鍋底。把油倒入。煮到沸極起青煙。投入蝦仁。用鏟攪抄兩三下。篩下黃酒。隨手加蓋。霎時把蝦仁鏟起。莫放牠煮熟。蝦仁愈嫩愈好。那末把豆腐香蕈下鍋。加清水一碗。煮沸。加入野菜蝦仁。同食鹽。再煮一透。下粉膩少許。略煮。就可起鍋。加麻油供食。還有一種煮法。拿野菜投入熱油鍋中爆透。投入蝦仁攪抄幾下。篩下黃酒加蓋。透煮去蓋。加入豆腐、鹽、香蕈、同清水。再煮兩透起鍋。這種煮法。不及前法煮來野菜不變色。蝦仁不發膩。味道也是前法煮得入味。不過手續煩一點。這樣菜粉膩不要多用。只能乘熱吃一次吃了。祇可留一半蝦仁、野菜豆腐、到晚餐時再行煮來下飯。

五二　煮魚圓

這樣菜、是用魚肉拆去骨頭。加些豆粉。做成圓子。同和頭煮成的。普通都用活黑魚一尾。取牠肉多無細骨活的也頗有鮮味。拿來破腹挖去膽腸。切去頭尾滌淨。剝淨外皮。用刀剁成魚醬。撈入瓦缽中。加黃酒二兩。鹽少許。葱屑一小匙。豆粉少許。鴨蛋白一個。用竹筷充分攪和。待用。竹筍一只。去殼及老根。切成薄片。香蕈三隻。放開去脚切絲。熟火肉一兩。去皮切成薄片。黃酒一兩。薑一片。鹽一撮。鷄湯一碗。拿淸水一大碗入鍋。用文火煮熱。莫放牠發沸。沸卽加冷水。火力要小。那末拿湯匙撈取魚醬兩滿匙。置左手掌心中。拿右手的大拇指同食指搭成圓圈。蓋到魚醬上。拿左掌心抬起。使魚醬從指圈中逼出。落在熱水鍋中。照這樣子。拿鉢中的魚醬。全做成魚圓。落在水鍋中。加旺火煮沸。把魚圓撈起。一面拿鷄湯放入另一只鍋中。（沒有鷄湯就用落魚圓湯也可以的。不過湯渾少鮮。且帶腥氣用鷄湯爲妙。）投入筍片、火肉片、香蕈絲。用急火煮沸。撩去浮沫。投入魚圓。篩下黃酒。並加薑一片。鹽一撮。再煮兩透就可起鍋。加麻油供食。味很鮮。或用鮮青魚拆骨剁爛。做成圓子。也用竹筍、火肉、香蕈、煮成了。味道格外好吃。

五三　蝦仁凍

這樣雖是凍品。卻是夏天的美味。買水晶蝦一斤。擠出蝦肉來。若是炎暑天氣。蝦肉要和冰塊放一起待用。出白嫩生鷄胸膛肉一爿。鮮鱖魚一條。刮鱗破肚。拉去苦膽腸雜及夾鰓。滌淨。置碗中。加些黃酒葱薑。入鍋蒸蒸半熟。取起拆去皮骨。撕碎魚肉待用。鮮猪肉皮四兩。拔淨猪毛。刮去皮垢。放過頭冷水鍋中燒煑糜爛。切成細屑。鷄蛋三個。每個破小孔先濾去白。敲破注蛋黃入碗待用。黃酒一兩。食鹽一匙。鷄湯一碗。豆粉少許。煑法、拿蝦仁肉皮同鷄湯豆粉下鍋用急火煑一沸。加以黃酒。加蓋。用文火再煑一沸。拿囫圇蛋黃加入。摻下食鹽。再煑一沸。盛在鉢淺裏。等到冷透。置冰箱中。等牠凝凍。取出切塊供食。別有滋味。

五四　煑鯿魚

鯿魚之味和鱖魚差不多。不過要買夾鰓紅。魚鱗明淨。纔是新鮮。頂好買一尾活的。拿來刮鱗破肚。拉去膽腸及夾鰓肝須留在肚中。用水滌淨。拿葱薑黃酒鹽花浸片刻。煑法有兩種。先說明紅煑鼈備好醬油二兩。葷油或素油四兩。猪網油一張。大小以包沒鯿魚爲度。葱一根滌淨拆挽薑一片。白糖一匙。麻油少許。香蕈三只。放開去脚切絲。拿油倒入鍋中。用急火煑到沸極。拿網油預先滌淨吹乾。包裹鯿魚投入沸油中等到爆透一面。用鏟翻轉。再爆透一面。摻下葱薑。拿酒向鍋底四邊篩下。加蓋煑沸。去蓋。拿醬油、鹽、香蕈加入。改用文火。煑到熟透。摻下白糖略煑。即可起鍋加麻油供食。若不用醬油同生板油小塊葱薑鹽酒淸水等淸燉。味道鮮肥好吃。

五五　汆湯魚片

這樣菜、魚片不下油鍋爆透。拿生魚片投入沸湯中煑成的。所以叫做汆湯魚片。味道鮮嫩無比。買開片新鮮靑魚半斤。剛正拿整尾活靑魚剖開零售。纔是新鮮。拿回來刮去鱗。用淸水滌淨。拆去粗骨。切成四分闊七分長的整塊。再每塊批成二分厚的薄片。置大碗中。加入黃酒醬油葱薑浸片刻。蘸豆粉一兩。黃酒半兩。這是篩在湯裏的鹽一撮。薑一片。葱一根滌淨折挽。白鷄湯一碗。或用清水也可以的。熟火肉六片。扁尖兩根。放軟切去老根。撕絲。切成寸段。麻油、胡椒末各少許。拿鷄湯同火肉扁尖下鍋。用急火煑沸。加下半杯冷水。拿魚片兩面塗些豆粉。用兩掌心把魚片對合撳一下。以免粉屑脫落。拿魚片一起放湯中。注入黃酒。摻下食鹽投入葱薑。加蓋煑兩透。就可起鍋。加少許麻油胡椒末供食了。

五六　魚生煖鍋

這是冬天的美味。買新鮮青魚一段。重量依吃客多少而定。大約每人四兩。假定兩個人吃用半斤青魚刮去鱗。滌淨。拆去粗骨。切成半寸闊。一寸長的整塊。再批成三分厚的薄片。用黃酒二兩。葱一根滌淨折挽。薑一片。同魚片放在碗裏摻些鹽浸片刻待用。白雞湯一大碗。冬筍一只。去殼及老根。切成二分厚的薄片。熟火肉二兩。去皮批成薄片。用煖鍋一只。用水滌淨揩乾。倒入雞湯同筍片火肉片。摻下少許鹽。注幾滴酒。加蓋緊密。拿燒紅的炭。塞入鍋管中。裝滿爲度。放一洋鉛皮圓管。兩頭空的。罩在煖鍋管上。約隔二十幾分鐘中。鍋中已沸透。將蓋用竹筷擱起。不擱起湯水要溢出來的。儘牠煮二透。一面拿魚片倒在笊籬中。瀝乾鹽酒。分置兩盆。同煖鍋一起置桌上。鍋底須放木板。吃客揭去鍋蓋。拿魚片倒入。隔片刻已脫生。用筷頭夾起蘸些醬油。當作圍爐賞雪的下酒物。鮮美無比。湯水也很鮮。嫌乾加添熟雞湯。

五七　蛤蜊煖鍋

這樣也是冬天的美味。煖鍋裏也放筍片火肉片同雞湯。也用熾炭塞滿鍋管。先把雞湯煮兩沸。去蓋供客。一面拿蛤蜊十只或二十只。滌淨泥垢。放開水泡過。剝去上面半爿殼。移置碟中。隨客投入爔鍋中湯熟下酒。味道也很鮮。不過只宜下酒。不宜充飯菜的。

五八　十景爔鍋

這樣是江蘇人吃夜飯的佳肴。用爔鍋一隻。放些油片細粉做底子。上面用熟鷄、排塊紅燒肉、青魚塊、熟海參、冬筍片。火肉片。蛋餃。（用蛋汁同肉屑攤成像元寶形）肉圓子、臘鴨塊、再有一樣菜。卻有高下的分別。最美的用魚翅或鴿蛋。次的同蝦仁或腰片。再次用鹹肉。合成十樣。故叫十景爔鍋。加滿鷄湯。或是紅肉湯。用熾炭煮幾透。就可供食。遇到請客吃夜飯。須添下腳盆。大抵是鹹鷄、鹹肉、拌鷄雜、皮蛋等四樣。別有一種風味的。館子裏也有十景爔鍋。不及家常煮得入味。湯水也是家常的弄得入味。

五九　一品鍋

這樣是菜館裏冬天的美味。家常也有煮備的用嫩鷄一只。宰殺去淨毛血腸雜。滌淨待用。出白鴨一隻。猪肚一只。翻轉除去污垢。置砂石上磨擦去一層肉膜。用水滌淨。用鼻嗅不覺臭。放少許冷水鍋中加入葱兩根薑兩片。蘿蔔四段用火煮到酥爛。取起待用。剝殼熟鷄蛋十個。紅燒猪蹄胖半只。冬筍三只。去殼及老根。蒸熟切片。熟火肉四兩切片。烏勾魚翅一隻。預先放軟收拾潔淨。（放法見前）黃酒半斤。鹽三兩。葱一根滌淨折挽。薑兩片。大茴香一隻。麻油三錢。預備好了。拿鷄鴨放入鍋中。加過頭一寸冷水。並加葱薑。燃火煮沸用湯勺撩淨浮沫。加酒一兩。加蓋。用文火煮到半分熟撈起鷄鴨。拿淡生鷄血倒入鷄湯。用烈火煮沸。鷄血滿浮鍋面。用湯勺撩淨。鷄湯清潔見底。那末鷄蛋置一只鍋底。加入猪蹄猪肚。再加鷄鴨。鋪上筍片火肉片。加滿鷄湯再加香料食鹽。拿魚翅鋪面。加蓋。置蒸鍋上。隔水煮三四透。就可供客。味道鮮肥無比。不過照這樣配合的一品鍋。菜館上是沒有的。只有自家置備。要買頂大的一品鍋。纔裝得下哪。

六十　煑銅鍋三鮮

從前飯館裏到冬天預備幾只銅鍋。替代燬鍋用的。現在行了先中鍋。家常都用牠煑菜。飯館裏卻仍用銅鍋的。三鮮是熟青魚走油肉、熟鷄肉。熟海參。各切成半寸闊一寸長的整塊。拿煑熟膠菜襯鍋底。上面鋪上鷄魚肉海參同冬筍片加滿白鷄湯。加蓋置文火爐子上煑兩三透。摻下少許鹽。就可供食了。銅鍋只有二號碗大小。鷄魚肉不過兩三塊一樣。家常也可照樣煑的。比燬鍋簡便得多哪。

六一　煑銅鍋醬鷄

這樣也是冬天的美味。醬鷄陸稿薦同火腿店裏有得出售的。拿來放冷水鍋中。燒煑酥熟。取起。鷄湯放好作調味用。拿熟鷄切成兩爿。再切成四塊。拿一塊切成三分闊一寸長的鷄塊。約六七塊。熟冬筍一隻。去老根切成薄片。熟火肉一兩切成簿片。拿一束熟膠菜切段。置鍋底。左邊放筍片。右邊放火肉片。中間放醬鷄。加白鷄湯八分滿。加蓋。放爐火上煑兩透。摻下少許鹽。就可供食了。

六二　黃燜肉

這樣菜的煑法。和紅燒鷄差不多的。不過少用醬油。煑熟了顏色是黃的。味道比紅燒鷄好吃。用去淨毛血腸雜的嫩鷄一隻。切下頭脚。切成四分闊厚。六分長的生鷄塊肝雜收拾潔淨。同鷄腸繞住同煑。另作下酒物。嫩筍兩只。去殼及老根。切成纏刀塊。葷油或素油六兩。黃酒二兩。鹽和白糖各一匙。葱一根滌淨折挽。薑一片。鷄湯一大碗。大茴香一隻。煑法、倒油入鍋。用旺火煑到沸極。投入鷄塊。用鏟攪抄。等牠全體爆成黃色。投入茴香葱薑。拿酒向鍋底四邊篩下。加蓋煑透。去蓋。加下鷄湯同筍蓋密。改用文火。煑兩透。燜十分鐘。摻下食鹽。和一兩醬酒。煮到酥爛。摻下白糖調味。就可起鍋供食。味道又香又鮮。還蒸並不變味。

六三　黃燜青魚

買開片青魚半斤。刮去鱗。滌淨。切成三分闊厚半寸長的魚塊。用葱薑醬油黃酒浸片時。和頭用百叶四張。切成細絲。浸沸水中待用。葷油或素油四兩。鹽一小匙。醬油一兩。白糖一匙。薑一片。鷄湯一碗。煮法、注油入鍋。用旺火煮沸。投入魚塊。煎黃一面。用鏟翻轉。等到四面煎黃。倒下黃酒。投入葱薑。加蓋煮沸。去蓋。拿鹽醬油百叶并鷄湯一碗下鍋。煮兩透。就可起鍋。加些麻油供食。別種魚。如甲夾魚混魚等。也可用這煮法來黃燜。只要魚新鮮。味道也好吃的。

六四　煮喜蛋

這樣菜是浙江人新年裏的美味。他們過年接路頭。倒用一碗煮熟染紅的鴨蛋。次日就拿來煮成喜蛋。作下酒物。因爲在新年裏。所以叫做喜蛋。買猪的腿花肉一斤。去皮滌淨。斲切成肉醬。置瓦缽中。拿砂仁末二錢。葱屑一小匙。鹽一小匙。黃酒少許。豆粉一匙加入。用竹筷充分攪和。再拿十五枚熟蛋。剝去殼。用手指均勻分開兩爿。切不可用刀剖開。因爲刀剖則蛋黃光滑。黏不牢肉醬哩。和頭用香蕈五隻。放開去脚切絲。放香蕈水濾淨待用。熟火肉一兩切成薄片。熟膠菜一兩。切成小塊。葷油或素油六兩。黃酒六兩。二兩注肉醬中。白糖一大匙。鹽一撮。大茴香一隻。葱一根滌淨折挽。薑一片。麻油少許。煮法、注油入鍋。用急火煮沸。一面預先拿湯匙撈起肉醬一滿匙。黏塗半爿鷄蛋。放在湯盆裏。肉醬向上。一起黏塗了。那末煮沸油鍋。拿蛋下鍋。把肉醬貼鍋底。等牠煎到黃熟。投入茴香葱薑。拿酒二兩向鍋底四邊篩下。加蓋煮沸。去蓋。加入醬油、鹽、和頭、同放香蕈水。水嫌少、再加鷄湯或紅肉汁一碗。用文火煮十分鐘。摻下白糖。煮到糖溶汁膩。就可起鍋加麻油供食喜蛋不限十五枚。多少隨意。蛋少猪肉作料都要減少。味道、和一品鍋裏的燜蛋相似。蛋雖久煮。頗覺入味。比茶葉蛋勝過十倍。

六五　煮茶葉蛋

這樣是拿茶葉食鹽同蛋煮成的。既可下酒。還可當點心。遠行當作路菜。攜帶頗覺便利。用鷄蛋或鴨蛋三十枚或四十枚。紅茶葉三兩。食鹽四兩。拿蛋滌淨。放入湯鍋中。加清水透過蛋一寸。用急火煮到沸騰。用笊籬撈起。浸在冷水裏。逐一取起。輕敲幾下。使蛋殼成許多裂痕。投入冷水鍋中。以透過蛋半寸爲度。拿茶葉食鹽洒下。幷加醬油。加蓋煮兩三透。燜半小時。起鍋瀝乾。隨時拿來剝殼吃。味帶茶葉香而有鹹味。用雞蛋煮更比鴨蛋好吃。這是帶殼的。還有剝殼煮法。用雞蛋或鴨蛋二三十枚。先用冷水煮一透。用笊籬撈起。放冷水中浸五分鐘。再放原鍋中煮一透。再撈起放冷水中再激片刻。逐一取起輕敲幾下。剝去殼。不用冷水激透。蛋殼黏牢。剝不滑淨的。一起剝白後。同紅茶葉二兩。醬油四兩。鹽一匙。清水三碗下鍋。加大茴香一只。薑一片。黃酒一兩。用文火徐徐煑兩三透。燜十分鐘。再煑兩透就可起鍋供食。味道和帶殼的差不多。

六六　煑蛋湯

這樣是家常飯菜。因爲不用醬油。故叫清煑。須用有鮮味的和頭同煑。纔有鮮味。用雞蛋三枚。鴨蛋也可用的。破殼倒在碗裏。放些鹽花。用竹筷調和待用。和頭用鮮蝦仁一杯。或是開洋一杯。就是乾蝦米。拿來揀淨殼屑。用黃酒少許浸片時。或用嫩筍片一大匙。成用扁尖三根。用水放軟。去老根。撕絲切成寸段。和頭只用一樣。食鹽一撮。麻油少許。先拿清水一大碗。倒入鍋中。用急火煑沸。拿調和的蛋汁倒下。注少許黃酒。加蓋煑透。去蓋。拿湯勺撩淨汆起的白沫。加入和頭同食鹽。用文火煑沸。就可起鍋。加麻油供食。若然嫌淡。可以蘸些醬油同食。加些醬油在碗裏也可以的。

六七　煑肉心蛋餃

這樣菜有兩樣煑法。一種是煑熱了油鍋。倒入許多蛋汁。攤成一大塊圓形蛋衣。拿肉醬放入中間。拿蛋衣對合蓋住。煎熟了取起。用刀切成寸段。加和頭。或用膠菜。或用針金菜香蕈絲。同醬油糖酒紅燒成熟。這是尋常日子的家常菜。遇到過年或是新年裏。裝在煖鍋裏。或同魚肉和頭清煑來吃。要用銅勺。攤成湯麪餃大小中間包着少許肉心。味道比上述煑法好吃。在新年裏都叫牠元寶。取吉利。所以大小百家都煑備的。煑法。用雞蛋三十枚。破殼倒在瓦鉢中。加一匙食鹽。用竹筷充分調和。猪肉半斤。要精買坐臀。要肥買腿花。用水滌淨。批成薄片。用快刀斬成肉醬。放在碗裏加些食鹽葱屑、或野菜屑。并酒少許。用筷頭充分攪和。生板油兩小塊用燒旺的炭風爐一個。拿蛋汁肉醬放在旁邊。人些坐在風爐前。左手執銅勺柄。置炭火上燒沸。右手拿筷夾板油放銅勺中揩遍。放去板油。用湯匙撈取蛋汁一滿匙。注銅勺中左手拿銅勺側滾兩轉。使蛋汁成圓形。用筷頭夾少許肉醬放蛋衣中心。隨手用尖頭筷把蛋衣對合貼住。撥一個翻身。兩面煎熟了。倒置湯盆中。每一匙蛋汁。攤成一只肉心蛋餃。直到蛋汁完了爲止。拿蛋餃放冷水鍋中煮一透。用笊籬撈起乾置湯盆中待用。或拿來裝十景煖鍋。或拿來同熟的魚肉塊。放白鷄湯或肉湯中。煮一沸。加入一束細粉作和頭。再煮一透。摻下少許鹽。同大蒜葉少許。盛在碗裏。當做飯菜或是下酒物。味道淸爽鮮美。新年裏可稱家家必備的。

六八　煮佛爬牆

這樣菜是用猪的腸臟同肝油燜煮成功。據人傳說。從前有個饞嘴老和尚。因爲住在巨紳家間壁。不得已吃素。他的臥房間壁。就是巨紳家的廚房。一日聞得因一陣絕妙的佳肴香味。不覺饞涎欲滴。便拿竹梯靠在庭中的牆壁上。爬到牆頂上去偷看煮的什麼好菜。以備背着人照樣煮來吃。恰巧被巨紳瞧見。原係熟識的。就邀他過去同食這樣美味。老和尚不知名目。便問這是什麼佳肴。巨紳笑答道。佛爬牆。就此得名。傳流到現在。

買全副腸臟肝油。拿大小腸細細收拾。先浸冷水中片刻。滌去浮垢。拿食鹽一匙。放在掌心中。拿大小腸逐一用鹽。輕輕擦去浮垢。一邊擦。一邊用清水洗淨。收拾到毫無臭氣。大腸上油。不要全行擦落。拿小腸一起塞入大腸中。放冷水鍋中。加葱兩根折挽。薑三片。黃酒二兩。白蘿蔔三厚片。用急火煮一透。撈起腸臟。放清水中滌淨。置鼻孔邊。絕無臭味。那末切成三四分的圓片待用。拿猪肝批成薄片。浸冷水中一小時。漂去血水。網油切塊滌淨。用黃酒一兩。好醬油四兩。冰糖屑三兩。鹽一匙。葱兩根斬成細屑。老薑兩片。大茴香兩隻。鹿料皮一小塊約二分厚。一寸長四分闊。用深口砂鍋一隻。拿腸臟肝油同作料一起放入。加雞湯一碗。加蓋封固。先置炭火爐上煮到沸透。移置炭團火上。四圍用草窩罩住。

燜煑六七小時。就可出鍋供食。味道鮮肥無比。如嫌肥泛。燜熟後。可加熟菜心。或百葉結作和頭。加入鍋中放急火爐上煑到沸透。出鍋供食。不覺油泛了。

六九　煑龍鳳肚（又叫龍胞鳳胎）

這樣菜是拿雞肉猪肉塞在猪肚裏。彷彿香肚相似。同和頭煑成的。味道比香肚好吃。本來猪身上要算肚子不肥不瘦最好吃。不過要收拾得沒有臭味纔好。買猪肚一只。拿來翻轉。放水中滌去浮垢。套在手上。放砂石上輕輕磨擦去一層內膜。用水滌過。倘有臭味。再拿來輕輕磨擦。再用水滌淨。擦到沒有臭味爲止。放冷水鍋中。加葱薑蘿蔔兩片。酒少許。用急火煑一透。撈起用清水沖過瀝乾待用。去淨毛血腸雜的嫩雞一隻。放冷水鍋中。加些葱薑酒。用急火煑一透就取起。拿快刀削下腿肉胸膛肉待用。精猪肉半斤。也放冷水鍋中加些葱薑酒。煑一透。取起切小塊同鷄肉置在一只瓦鉢。加二兩醬油二兩黃酒，浸片刻。拿來塞滿猪肚爲度醬油酒也要注入。塞口用白線繞住。備火腿一兩。去皮切成薄片。香蕈三只。放開去腳切絲。嫩筍一只。去殼及老根。切成薄片。鷄湯一大碗。醬油三兩。黃酒二兩。冰糖屑一匙。鹽少許。薑一片。大茴香一隻。甂料皮少許。拿猪肚同和頭香料鷄湯等。一起下鍋。用急火煑沸。篩下黃酒。加蓋煑而透。去蓋。加入醬油鹽。加蓋。用文火煑一小時。用筷頭試戳猪肚。能够不用力戳得到底。纔算十分酥熟。戳不下須再煑。汁乾加些鷄湯。煑到酥爛爲度。摻下糖。煑到糖熔汁厚。用筷頭戳入猪肚中取起。放砧板上。切成排塊。囫圇盛在大碗裏也可以的。鏟起和頭湯水。加些蔴油供食。味道鮮酥香三樣俱全。好吃得很。

七〇 煑糯米八寶肚

這樣菜也是用猪肚煑成。味道和龍鳳肚差不多。不過猪肚要收拾得沒有臭味。照上文的法子。翻轉套在手上。向砂石上磨去內膜。滌淨再磨。磨擦到無臭味爲度。同葱薑蘿蔔片放冷水鍋中。加些黃酒煮透取起。滌淨待用。白糯米一飯碗。隔日淘淨。用兩升清水浸一夜待用香蕈蔴菇各三只。用水放開。去脚切成薄片。紅蓮心十粒。少許熱水泡過。剝去衣戳去心。放蓮子壺中加少許熱水煮三四透。取出瀝乾。熟火肉一兩。去皮切成細屑。嫩筍一只。去殼及老根。隔水蒸透。切成細屑。芡實一大匙。放沸水中蒸透瀝乾待用。醬油四兩。黃酒一兩。大茴香一只。薑一片。葱一根滌淨折挽。熟猪油二兩。蔴油少許。清水兩碗。鹽一撮。白糖一匙。各樣備齊。拿浸軟的糯米，瀝乾置大碗中。加入二兩醬油二兩熟猪油。用筷頭攪和拿香蕈、蔴菇、火肉、筍屑、蓮心芡實。一併加入拌和。塞入猪肚中。合成八樣。所以叫八寶肚。平放鍋底。下襯茴香。加入葱薑同清水兩碗。用急火煮沸。篩下黃酒。加蓋煮透。去蓋加入醬油鹽。若嫌水少。加添沸水半碗。加蓋。改用文火煮兩透。燜十分鐘。再煮兩透。再燜再煮。約煮兩小時。用筷試戳猪肚。不用力直戳到底。方可起鍋供食。煮這樣菜第一要收拾得無臭氣。第二要燜煑到糜爛。下筷可以把猪肚戳碎夾食。用湯匙取食糯米。味道鮮美無比。

七一　煑糯米香腸

這樣菜和八寶差不多。全靠收拾潔淨。煑得酥爛。纔覺好吃。買猪的大腸一副。連小腸也可以的。拿來放在木盆裏。用竹筷頭戳住腸頭。用手指徐徐把腸翻轉來。用冷水洗滌過。用食鹽放在手掌中。向腸上輕輕搽擦。除淨帶臭氣的內膜，腸油莫放牠脫淨。這卻非老廚司不能。普通收拾。總是連腸油搽擦乾淨。要留腸油。總是帶些臭氣。還是以潔淨無臭爲妙。收拾滌淨了裏面。仍用筷頭戳住翻轉。正面也要用鹽搽擦潔白。用許多清水浸漂半小時待用。白糯米半升隔日淘淨。用多量清水浸一夜。取起瀝乾。置碗中。加好醬油三兩。浸半小時。那末拿猪腸剪斷。每段長一尺．一端用白麻線結住。一端把糯米塞入。

以滿爲度，也用麻線結住打活結。吃時容易解除。一起塞好了。待用。一面備好醬油三兩。這是放鍋內用的。黃酒一兩。鹽一撮。葱一根。滌淨切細。薑一片。大茴香一只。麻油二錢。香蕈五只。放開去脚切塊。淸水一碗。放香蕈水濾淨待用。拿猪腸同葱屑薑片茴香下鍋。加入放香蕈水同淸水。加蓋。用急火煮沸。撩去白沫。加入香蕈。篩下黃酒加蓋用文火煮兩三透。燜十分鐘。再煮兩透。燜一回。加入醬油鹽。再煮再燜。等到腸發酥爛。摻下白糖同一小匙糖油炒成的顏色。煮到糖熔色紅。就可起鍋加麻油供食。味道很鮮肥。有腸紅毛病的。連吃三四天。毛病也會好的。

七二　紅燒門鎗（又叫紅燒猪舌）

猪舌頭全是精肉。同猪腰差不多的。紅煮來吃。味道很鮮嫩。用猪舌頭一個。放冷水鍋中用急火煮一透。取起。用快刀刮淨舌上的膩垢。滌淨待用。好醬油陳黃酒各一兩。白糖食鹽各一撮。葱一根滌淨。薑一片。大茴香一只。清水兩碗。拿清水同猪舌頭下鍋。投入茴香葱薑。用急火煮沸。用湯勺撩淨白沫。篩下酒。加蓋煮沸。燜一回。加下醬油鹽。再煮兩沸。用筷頭試戳猪舌頭。不用力直戳到底。摻下白糖煮熔。就可起鍋切片作下酒物。這樣菜。要煮得爛湯要緊。

七三 煮羅漢菜

這樣菜的原料。各地各異。頗有粗細的分別。要算常熟館子裏的最爲精美。用松花蹄筋兩根。切成寸段。熟鷄胸膛肉一小塊。切成熟火肉一兩。去皮。切成一寸長三分闊的薄片。熟筍一只。去老根切成一寸長的薄片。熟鷄雄一對。各切成兩爿。香蕈兩只。放開去脚切細。白鷄湯一碗放鍋中煮沸。加入各種原料摻下少許食鹽。不用加蓋煮沸。拿湯勺撩淨浮沫。盛在碗裏。用筷頭整理碗面。筍片作底。鷄片火肉放兩邊。鷄雄蹄筋放中間。香蕈鋪碗面。就可供食。味道清鮮異常。還有用猪肉斬爛蒸熟的肉餅。切成排塊四五片。魚圓子三個切成兩爿。熟筍同熟火肉各五六片。熟膠菜片半杯。白鷄湯一碗。鹽少許。煮法是一樣的。味道少鮮些。也有拿來配好碗面。加鷄湯上鍋蒸兩透供食。味道是差不多的。

七四　煮八寶豆腐

這樣菜。是拿豆腐同幾種和頭煮成的。鮮味盡在和頭裏。豆腐只用一方塊。瀝盡泔水待用。香蕈麻菇各三隻。放開去脚切絲。熟鷄肉一小塊切絲。熟火肉一小塊切絲扁尖兩根。放軟去老根撕絲切成寸段。白鷄湯一碗放鍋中。用刀把豆腐直劃二分闊的刀路。横批成兩半。放湯中。加火煮沸。加入和頭同鹽一撮。用文火煮兩透。就可撩去浮沫。起鍋供食。頗有鮮味。

七五　煮鍋巴湯

鍋巴。就是煑米飯貼在鍋底上的焦飯粢。拿來切成半寸闊一寸長的整塊。投入油鍋中炙鬆了。就叫鍋巴可以摻上白糖當點心吃用牠做菜司。一定要煑備一碗熱湯。就叫鍋巴湯。拿鍋巴蘸吃頗有鮮味。湯的煑法。麻菇四只。用水放開。去脚切片。雞湯一碗。鹽一撮。拿雞湯同麻菇下鍋。煑兩三透。摻下少許、鹽。撩去浮沫。就可起鍋盛在碗裏鍋巴放盆子裏。用筷夾食。

七六 煑羊肉

羊肉鮮嫩勝過猪肉。不過羶氣很重。先要除去羶氣。煑熟了鮮美無比。買羊肉二斤。用水滌淨。白蘿蔔一個。去葉滌淨。用針頭向蘿蔔上戳滿細眼。和羊肉一同下鍋。加冷水透過羊肉。用急火煑到沸騰。略燜取起羊肉。羶氣全無。拆去粗骨切成一寸的見方塊。備黃酒四兩。醬油四兩。冰糖一兩。鹽一撮。薑一片。大蒜葉兩根。滌淨切細。煑法拿羊肉入鍋。

加清水透過羊肉透過羊肉六七分。投入薑片。用急火煑沸。撩去浮沫。篩下酒。加蓋煑兩透。燜一回。再煑兩透。加入醬油鹽。再煑再燜到酥爛。摻下冰糖。煑到糖熔。就可起鍋。煑這樣菜須用樹柴。煑燜到酥燜爛。汁水要緊厚。紅燒加些糖炒顏色。格外好看。還有清煑羊肉。煑法是一樣的。作料中除去醬油顏色。煑爛後撈起置木板上。等牠凍結。下鍋時不要切碎。起鍋後先拆去骨頭。把羊皮包住。隔半日或一夜。方可切成羊膏。蘸甜醬同食。味道鮮嫩無比。羊肚中的肚子肝肺等。煑法見下。

七七　煑羊肚湯

羊肚中的東西一起取出。除去羊腸另作別用。以外肚肺肝腰。拿來收拾潔淨。還有羊眼睛煑一透挖出同煑。先拿肚肝肺同蘿蔔四厚片入冷水鍋中煑沸取出。切絲。放冷水中漂片時。羊腰先拿刀剖開。削去中間的筋。批成薄片。浸水中。眼睛也要收拾過浸水中。一面備黃酒四兩。鹽一大匙。薑兩片。葱一根。白蘿蔔一根去葉滌淨。用針遍刺小眼。清水四五升。拿清水入鍋。投入羊肚等（名叫羊名件）加入薑葱蘿蔔。用急火煮沸。撩淨浮沫。篩下黃酒。加蓋緊密。用文火煮兩透。燜一回。再煮再燜。約經三小時。去蓋。掺下鹽就可起鍋供食。也可把羊血蒸熟。起鍋前加下煮透同食的。

七八　煮蟹粉肉餅

這樣菜是拿猪肉斬細同蟹粉煮成的。味道鮮肥異常。活蟹一斤。用水滌淨。用稻草每只束住脚。置鍋中。加冷水與蟹相齊。加蓋煮兩透。蟹殼發紅黃色。取起拆肉待用。猪的腿花肉一斤。去皮滌淨。先批薄片。掺上砂仁末一錢。鹽一匙。葱屑一小匙。斬成肉泥。撈置瓦鉢中。加入豆粉半杯。黃酒一兩。用筷頭攪和。拿蟹粉加入。用湯匙撈起一滿匙。置手掌中。輕輕做成扁圓形的肉餅。逐一置湯盆中待用。肉餅不要做得結實。愈鬆愈妙。備葷油或素油四兩。好醬油三兩。白糖一兩。薑一片。葱一根滌淨折挽。麻油、鹽、各少許。和頭田百叶四張切成細絲。用沸水泡五分鐘。擠乾下鍋。或用大菜心。滌淨切段。先行放熱油鍋中爆透煑熟待用。煑法。注油入鍋。用急火煑到沸極起青烟。投入肉餅。兩面煎黃。投入葱薑。拿酒向鍋底四邊篩下。加蓋煑沸。去蓋。拿醬油鹽同清水一碗加入。改用文火煑沸。摻下白糖同和頭再煑兩透。就可起鍋供食了。味道極鮮。

七九　煑羊血羹

買熟羊血三塊羊肉店裏出售的。拿來切三分闊厚一寸長的細絲。嫩筍一隻。去殼及老根。切成細絲。鷄蛋兩個。破殼注碗中調和。薑一片。大蒜葉一根切細。黃酒半兩。鹽、胡椒末各少許。白羊湯一碗。或用肉湯清水也可以的。拿清湯同筍絲入鍋。用急火煑沸。撩淨白沫。投入羊血蛋汁薑片。用筷輕輕攪和。加下鹽酒。煑到沸透。就可起鍋。摻下大蒜胡椒末。乘熱吃。味道很鮮。

八〇　煮鷄鴨血羹

這樣菜是用鷄鴨血煮成的。家常用豆腐作和頭。各切成一寸長二分闊厚的條子。用清水或調味湯一碗。一同下鍋。加些鹽酒。用急火煮兩透。就可起鍋供食。鮮味很少。徽館裏的大血湯。味道很鮮。用熟鷄鴨血兩塊。切成小塊。熟白猪肉一小塊。熟嫩筍半只。放開香蕈三只。去脚切成小塊。油汆猪肉皮一條切成小塊。約半杯。白鷄湯一碗。鹽酒各少許。薑一片。大蒜葉一根、切細。眞粉膩少許。拿鷄湯同和頭先下鍋用急火煮沸。撩去浮沫。加入血塊同鹽酒薑再煮一透。摻下粉膩。煮透。就可起鍋加大蒜葉供食了。

八一　煮鼈肉

龜肉之味。同鷄肉相似。並且有滋陰降火壯補等效力。煮來吃頗有益。不過要煮來得法。沒有腥羶氣纔好吃。向網船上買龜肉二斤。買活的宰殺頗煩。網船上有剝去龜殼的生肉出買的。拿來放冷水鍋中。加入葱兩根。白蘿蔔一根。滌淨用針滿戳細眼。用急火煮沸。取起龜肉。放冷水中拆去膜剪成小塊漂清水中待用。備素油半斤。陳黃酒一斤。醬油六兩。鹽一匙。冰糖屑四兩。薑一片。葱一根。清水兩碗五香豆腐干五塊。每塊切成四片。這是做和頭的。大茴香一只。煮法、注油入鍋。用急火煮到沸極起青烟。把龜肉瀝乾投入。等到煎黃一面。用鏟翻轉。等到全體爆透了。拿酒向鍋底四邊篩下。隨手加蓋。火力要旺。使酒味香料鑽入肉中。等到沸透。去蓋。拿醬油、鹽、茴香、葱薑，同清水兩碗加入。改用文火。煮三四透。燜十分鐘。再煮再燜。煮到龜肉酥爛。用筷頭直戳到底。摻下冰糖若嫌汁乾。加少許沸水。煮到糖熔汁厚。就可起鍋。加些麻油胡椒末。乘熱一次吃盡若然賸下來還蒸還煮。便發腥羶氣了。

這樣菜是拿蟹粉同和頭煮成的。買活蟹半斤。隻數隨大小而定。放少許冷水鍋中煮熟。取起。折去腳。撥開殼。拿蟹黃和肉拆出。腳中肉。用短的圓木棍撳住滾過。肉即擠出。盛在盆中待用。鷄蛋一個。加一小匙黃酒。用筷調和。香蕈三只。放開去腳。切細。放香蕈水濾淨待用。薑一片。大蒜葉一根。滌淨切絲。眞粉膩少許。煮法、拿放香蕈水入鍋。並加淸水半碗。投入香蕈煮透。拿蟹粉同薑片下鍋。並把蛋汁向鍋中四面注下。用筷略攪。莫放蛋汁凝聚。見鍋中發沸。篩下黃酒同鹽少許。煮透。摻下粉膩一些兒。不用也可。多用不可以的。起鍋後。加入大蒜葉同麻油少許。就可供食了。

八二　煮蟹羹

八三　煮假蟹粉

蟹不是常年有的。在春天要吃蟹羹。祇可假煮。用鮮鱖魚一條。鮮鱸魚黃魚也可用的。拿來刮鱗去腸雜。滌淨。置大盆中加入黃酒一兩。鹽一撮。葱一根。薑一片。放蒸鍋上蒸熟。拿來拆去皮及粗細魚骨待用。熟鹹蛋兩個。要蛋黃發紅的。剝去殼及蛋白。拿蛋黃用手指分作六七塊。待用。這是假充蟹黃的。香蕈三只。放開去腳切絲。熟火腿半兩。去皮。切成細屑。黃酒半兩。注羹中用的。醬油一兩。薑一片。大蒜葉一根。切絲。麻油粉膩各少許。煮法。拿清水一碗下鍋。投入香蕈火肉屑。用急火煮沸。撩去浮沫。拿蛋黃同魚肉下鍋加入薑片篩下酒同醬油。見鍋中發沸。用筷攪和。攪到看不出魚肉蛋黃爲度。摻下少許粉膩。煮透就可起鍋。加麻油大蒜葉供食。喜吃酸的。加醋少許。

八四　煮麪塗蟹

這樣是家常菜。在六七月裏。買小蟹一串。這時只有小蟹。黃和肉尚未生滿。拿來用水滌淨。備乾麪粉半飯碗。用刀拿每只蟹切成兩爿拿切開的一面撳入麪粉中。塗滿爲限。置盆中待用。備素油四兩。醬油一兩。黃酒半兩。白糖少許。鹽一小匙。葱一根滌淨。薑一片。各切成細屑。煑法、注油入鍋。用急火煑沸。投入蟹。須拿塗麪粉一面貼鍋底。等牠煎到蟹壳發黃。拿酒向鍋底四邊篩下。隨手加蓋。霎時去蓋。拿葱薑、醬油、鹽、同清水半碗加入。改用文火煑熟。摻下少許白糖調味。就可起鍋。當做下酒物。最爲合宜。蟹肉很少。味道頗鮮。

八五　煑蟹兜肉

這樣菜。在十二月同正二月裏。上等酒席上。用牠做熱炒的。這時蟹難得。有的。所有都是極小的。蟹兜祇有洋鈿大小。須揀均勻十幾只。用草繩束住。置蒸鍋上蒸熟。拿來剝下蟹兜。拆淨兜中的少許黃及雜質。拆出蟹肉。待用。用精猪肉四兩。斬成細屑。香蕈五只放開去脚。切成屑。嫩鷄胸膛肉一片。斬成細屑。四樣放在一隻碗裏。注一兩葷油入鍋。用急火煑沸。投入蟹肉混合物。用鏟急急攪抄到脫生。拿黃酒半兩向鍋底四邊篩下。加蓋煑透。去蓋。加入好醬油二兩。白糖少許。用文火煑到汁乾酥熟。盛在碗裏。用湯匙撈起裝在蟹兜中。以滿爲度。放入磁盆中。就可供客了。這樣菜並無異味。不過在冬盡春初。小蟹也難買。物稀爲貴。當做熱炒。等到秋天。只有蟹粉。蟹兜不上席面的了。

八六　煑猪蹄

這個猪蹄並不是蹄筋。那是猪蹄胖中一塊帶骨精肉。只有二寸許長。寸半圍圓粗要算全猪身上頂好的精肉。不過一隻猪只有兩小塊。要買預先一二天向肉莊上定購纔有。熟肉店裏少有熟猪蹄出售的、只有楓涇醬蹄。遠近馳名。上海也有寄售的。實則自家煑來吃。也很容易的。定買猪蹄二十隻。約摸三斤光景。用水滌淨。挂透風無日處瀝乾。

搽上少許鹽花。挂一日。要在冬天。若是夏天不宜煑食的。一面預備好醬油五兩。黃酒三兩。冰糖屑六兩。薑一片。大茴香兩只。料皮一小塊。丁香一撮。這三樣是香料。清水約兩大碗。拿整備的猪蹄下鍋。加清水透起肉面一寸爲度。用急火煑沸。撩去氽起浮沫。篩下酒、加蓋煑沸。去蓋。拿醬油、薑、香料、一起下鍋。改用文火。加蓋煑三四透。燜一回。再煑再燜。煑到肉發酥爛爲度。摻下冰糖。看牠煑到糖熔。用鏟攪和。煑到汁水收入肉中方可起鍋。切片供食。或用手撕碎也可以的。煑這樣菜。一要煑得酥爛。二要水和作料配準。寧使先燒得鹹些。後加冰糖救濟。吃起來入味。先燒得淡了。再加冰糖。吃起來少鮮味哩。楓涇醬蹄。煑法很好。冬天可以放一個月不變味哪。

八七　煑凍蹄

這樣是冬天的美味。用猪蹄胖同洋菜作料煑成的。頗有鮮味。買鮮猪蹄一隻。重二斤。要買七星蹄。不連腳爪的。拿來拔淨毛。放少許冷水鍋中注少許酒。煮一透。取起。用刀刮淨皮上的垢膩再煮一透。再刮一次。纔覺潔白乾淨。放冷水中漂過瀝乾待用。備好醬油半斤。黃酒二兩。冰糖屑四兩。鹽一撮，大茴香一只。料皮一小塊。丁香一撮。川椒少許。山芀少許。這五樣便是五香料。納入稀夏布小袋中。用線繞住袋口。薑一片葱一根滌淨。各斬成細屑。洋菜一兩。南貨店裏出售的、煮法、拿蹄胖下鍋。加清水透起肉面寸許。先用急火煮沸。篩下黃酒。加蓋煮沸。改用文火。加入香料煮爛到酥爛。就從鍋中拆去骨頭。拿肉用鏟攤成零星小塊。加入醬油、鹽、冰糖、葱薑屑。再煮數沸。加入洋菜。煮到溶化。用鏟攪和。嘗過鹹淡。起鍋盛在大號湯盆裏。放冷處一夜。等牠凝凍，用刀頭切成長方塊供食。

八八　紅燒豆腐

這樣菜的煮法很多。用的和頭也不一。要算大寺院裏素席上的紅燒豆腐。當作大菜。煮得很有鮮味。用豆腐三塊。先放冷水中浸一回。取起瀝乾泔水待用。素油或麻油半斤。好醬油四兩。鹽一撮。白糖一大匙。香蕈五只。用水放開去腳切絲。放香蕈水濾清待用。針金菜一束。用水放開。摘除硬梗。切成寸段。扁尖三根。用水放軟。切去老根，撕絲切段。砂仁末少許。煮法、倒油入鍋。煮到發沸。拿一方豆腐置左手掌心中。右手執刀。先均勻豎切兩條刀路。次用刀橫批成兩半。變成十二小塊。投入油鍋中三方照樣切開下鍋。用鏟分開。莫放黏併。等牠四面爆透。成油片相似。用笊籬撈起。若見鍋中油多。用鏟撈起一半。拿各種和頭下鍋。用鏟攪抄到脫生。加入爆透的豆腐拿醬油、鹽、同放香蕈及放扁尖水加入。加蓋。改用文火煮兩透。去蓋。摻下白糖。煮到糖熔汁濃。就可起鍋。加些砂仁末。乘熱吃。別有鮮美的風味。家常用鹽雪裏紅二兩切細作和頭。煮法、用豆腐四方。瀝去泔水。拿素油四兩入鍋煮沸。用刀把豆腐切成小塊。投入鍋中。煎黃一面。用鏟翻。再煎黃一面。拿雪裏紅。同醬油一兩。白糖一匙。清水一大碗。加蓋。燒煮三四透。起鍋供食。頗有鮮味。

八九　煮什錦豆腐

這樣菜是用幾樣和頭同豆腐煮成的。蘇幫館子裏的著名菜。味道鮮而不肥。別有風味。用嫩豆腐兩塊瀝乾泔水待用。一面拿麻菇、香蕈各三隻。放開去腳。切成片。熟火肉一兩。去皮切成薄片。嫩筍一小只。剝殼去老根。切成薄片。松子肉一小匙。切成小塊。淸鷄湯一碗。拿鷄湯同各種和頭下鍋。煮到沸透。撩去浮沫。左手拿豆腐托在掌心裏。右手拿刀先橫批兩半。再豎劃兩半。那末切成三分闊的條子下鍋。加入鹽少許。加蓋煮兩透。就可起鍋。加麻油供食。

九〇　煮干貝湯

用干貝半兩。置小碗裏。加一兩黃酒。放飯鍋上蒸透。取下待用。備熟火肉、熟嫩筍各七八薄片。清鷄湯一碗。鹽少許。先拿鷄湯下鍋用火煮沸。加入干貝同和頭。摻下少許鹽。燒煮兩透。就可起鍋。盛在碗裏。用筷頭整理碗面。筍片火肉片分置兩邊。干貝置中間，加兩三滴麻油。吃起來碗面好看。味道清鮮。頗爲好吃。

九一　煮豆腐肉圓

這是用豆腐同猪肉煮成的。買做百叶用的老滷豆腐汁一瓦鉢。用湯勺徐徐取淨泔水。拿眞粉一塊同少許淸水置碗中。研成厚漿糊狀。加入豆腐汁中。用竹筷攪和厚薄以做得成圓子爲度。倘嫌薄再加些眞粉攪和加入鹽一匙砂仁末一錢。待用。買猪腿花肉半斤。滌淨去皮。斬成肉醬。置碗中。加入黃酒醬油少許。葱屑砂仁末各一撮。炒米粉一匙。用竹筷充分攪和。那末拿湯匙撈起豆腐放左手掌心中。用右手對合先搓成圓子。再用右手三指揑成空心圓子。另用湯匙。撈半匙肉醬倒入。用兩手揑成豆腐圓子。置湯盆中。全行做成。那末拿白肉湯白鷄湯混合置湯鍋中煮透。拿豆腐圓子輕輕放入。摻鹽。篩下一兩黃酒。並老薑三片。加蓋煮透。去蓋。添入少許冷水。改用文火徐徐煮一小時。見鍋中沸騰。須添少許。以防燋烊豆腐。煮到肉心熟透。就可起鍋。加些麻油胡椒末乘熱吃。頗有鮮味。湯水要寬。湯中要有鮮味。鹽宜少用。不但可當飯菜。且可當點心吃哩。

九二　煮腐衣捲肉

這樣菜。是用豆腐衣同猪肉煮成的。叫做捲湯。買猪肉半斤。滌淨去皮。斬成肉醬。置碗中。拿鹽一撮。砂仁末一錢。黃酒少許加入。用竹筷攪和。用軟豆腐衣三張。每張平鋪着。用湯匙撈取肉醬放入，成細竹竿相似一條。須頂足兩邊。拿豆腐衣取起緊緊捲牢。每捲切成兩段。倒六兩素油入鍋。用急火煮沸。投入爆到外黃裏熟。撩起乾放待用。遇到煮捲湯。拿一段。切成三四分厚的圓片。用白肉湯一碗下鍋。投入捲肉同切斷熟膠菜半飯碗。

鹽一撮。熟筍六七片。用文火煮兩透。撩淨浮沫。熟可起鍋。加麻油大蒜葉細絲各少許供

食。頗有鮮味。在冬天捲肉可以存放五六天。裝在煖鍋裏吃也可以的。

九三　煮油片嵌肉

買油片二十個。猪肉十二兩。滌淨去皮。斬成肉醬。拿砂仁末、食鹽、葱屑、黃酒各少許加入。用竹筷攪和。拿剪刀頭剪破油片的一邊。拿筷頭撈一堆肉醬塞入中間。以滿爲度。一起塞全了。拿扁尖四根。香蕈四只。用熱水放開。香蕈去脚。扁尖去老根。各切成細絲。黃酒一兩。鹽一撮。好醬油二兩。薑一片。麻油少許。大蒜葉一根。切絲。拿白肉湯一碗。同放香蕈水及扁尖、香蕈、油片薑一片一起下鍋。用急火煮沸。拿酒、醬油、鹽。加入再煮兩三透。燜一回再煮一透。就可起鍋供食。臨吃加入大蒜葉同麻油。味道很鮮。還蒸也不變味。

九四　鮮菌煮豆腐

這樣菜。是拿鮮菌同豆腐煮成的。好算素食中的美味。不過無毒不生菌。要揀茅柴菌、松樹菌。鷄腳菌。這三種無毒而多鮮味。買六兩。放清水中揀去腳可蛀蟲。換水滌淨待用。豆腐三塊。瀝淨泔水切成小方塊。素油三兩。好醬油三兩。黃酒一兩白糖一大匙。老薑一塊。切成兩片。麻油少許。拿油一半倒入鍋中用急火煮沸。投入菌同薑片。用鏟攪抄到脫生。篩下少許酒同鹽花。略蓋。隨手起鍋待。再注油入鍋。用急火煮沸。投入豆腐。煎黃一面。用鏟翻轉。等到兩面煎黃。拿醬油鹽同爆過菌一併加入。再加清水一大碗。用文火煮兩三透。摻下白糖。煮到糖熔。就可起鍋加麻油供食。頗有鮮味。

九五　甜菜

這樣是整席上用的。吃過許多鹹多熱炒大菜後。來這一樣甜菜。味道格外來得好吃了。用芡實一飯碗放鍋中。加清水一碗煮到酥爛。一面拿紅蓮三十粒。沸水泡過。剝衣去心。放蓮子壺中。加熱水一杯。水多要煑不酥的。置炭火爐爛。同芡實倒在一只大碗。上面鋪着桂圓肉一酒杯。蜜棗肉一酒杯。潔白糖一兩。蜜餞桂花一匙。上面蓋着大盆放蒸鍋煑透。就可取出供食。味道甜香可口。

九六　煑枇杷酪　附蘋菓酪橘酪

這三樣都是甜菜。因爲煑法一樣。所以寫在一起。買鮮枇杷十隻。剝皮去核。潔白糖一大匙。蜜餞桂花一茶匙。拿淸水一碗同枇杷白糖同時下鍋。用文火煑沸。撩去浮沫。就可盛在碗裏。加桂花供食。蘋菓酪拿蘋菓削皮剖成兩爿。削去子及核壳。切成小塊。同淸水一碗下鍋。煑兩三透。摻下白糖及蜜餞桂花就可起鍋供食了。橘子酪。拿福橘兩只。剝去外皮。撕去白筋同子。待用。潔白糖一大匙。蜜餞桂花少許。同橘肉放在碗裏。用沸水冲入。就可攪和供食了。

九七　煮爛豆瓣

這樣菜又叫豆瓣酥。是用硬蠶豆一碗。放冷水中浸一日一夜。剝去青皮待用。鹽雪裏紅一兩。滌淨擠乾切成細屑。鹽一匙素油四兩。麻油少許。清水兩碗。先拿豆瓣同清水下鍋。用文火煮到酥熟。撈起瀝乾。那末注油入鍋。用急火煮沸。投入豆瓣。用鏟亂抄亂捺要抄捺到糜爛看不見整片的豆瓣。加下鹽少許同雪裏紅屑。并清水半碗。用鏟炒和。加蓋煮燜五分鐘。就可起鍋供食了。

九八　煮豆腐衣包肉

用猪肉半斤。不喜吃肥的買坐臀肉。拿來滌淨去皮。買野菜四兩。揀去枯葉泥垢。放多量清水中。滌淨。再用清水漂過。取起。切斷。擠乾水分。同猪肉放一起斬成肉醬。置大碗中。摻下一撮食鹽少許黃酒。一兩好醬油。用竹筷攪和待用。買軟豆腐五張。每張用刀劃成四方塊。每一塊放野菜肉醬一滿匙。四角折合包成寸半長半寸闊的捲子。備素油或葷油六兩黃酒三兩。好醬油三兩。白糖一匙。香菌三只。放開去脚切絲。針金菜一兩放開去硬梗。切成寸段。木耳半兩放開揀淨待用。拿油入鍋。用急火煑到沸極。投入捲肉煎黃一面。翻轉煎黃。拿酒向鍋底四邊篩下。加蓋煑透。去蓋拿醬油香菌、針金菜同放香菌水加入。加蓋煑兩透。燜一回再煑一透。那末摻下白糖。加入木耳。（木耳早下鍋要烊化的）煑到糖熔汁濃。就可起鍋供食。若用鷄湯同煑。味道更鮮。

第三類　蒸中菜

蒸的中菜。是拿主料同各種和頭作料配準了。放在碗裏。隔水蒸熟的。鮮味絲毫不會走失。味道格外好吃。蒸法有清蒸、粉蒸、等區別。

一 清蒸魚翅

這樣是上等全席上的第一佳肴。是用魚翅同各種和頭蒸熟的。買烏鈎一只。放鍋中加清水兩升。用旺火燒兩透。燜一回。就在鍋中用刀刮去兩面的砂泥。再煮兩透。用刀刮去根上的肉筋。取起浸漂清水淺缸中。約一日夜。纔見魚翅漸漸綻裂漲大了。浸一夜。再放冷水鍋中燒兩透。燜一回。用手拆去牠的骨管。再放清水中漂一夜。這時的魚翅益發粗大明淨了。取起滌淨。同清鷄湯兩碗放鍋中加黃酒二兩。薑一片煮牠一透。取起待用。若然要不用和頭清蒸。這卻一只烏鈎只好做一碗。除去些翅肉。把小塊翅襯底。大塊翅鋪碗面。加滿新鮮鷄湯。加上碗蓋。（放魚翅的大碗上面本來有蓋的、）置蒸鍋上。隔水煮三四透。就可取出供食。味道清鮮無比。這卻非二十元上下的全席上纔有這樣菜。尋常整席或是家常吃都用鷄鴨腳作和頭的。拿鷄鴨腳各十只。放鷄湯中煮到酥熟取起。單拿掌部。用刀破開。拆盡粗細骨頭及硬筋。麻菇五只。放開去腳批成薄片。熟火腿熟嫩筍各六七片。鹽一撮。麻油少許。鮮鷄湯一大碗。拿鷄鴨腳襯底。一邊放筍片。一邊放火肉片。魚翅置中間。麻菇鋪碗面。加滿鷄湯。摻下少許鹽。加蓋。放蒸鍋上。隔水燒兩三透。燜一回。再燒兩透。燜一回。就可取出供食了。還有瑪瑙魚翅。是用猪的肺葉作和頭的。買猪肺一個。或用清水從肺管中灌入。用手掌向肺葉上。輕輕遍拍一回。拿肺倒轉。瀝去血水。再灌清水再拍再傾去。拍到肺葉發白爲止。太覺麻煩。簡便方法。拿肺放深口砂鍋中加滿冷水。加蓋。拿肺管頭擱在蓋外。用炭火燒煑。等到鍋中水沸。肺中的血沫。徐徐從肺管口溢出。煑到肺酥熟。血水也乾淨了。取起。放清水中。剝去肺葉上的薄膜。剪去肺心肺管。拿葉剪成小方塊。放鍋中加一碗鷄湯一碗清水。二兩黃酒葱一根薑一片。鹽少許。煑到十分酥熟。取起待用。預備麻菇火肉筍片。那末拿肺葉置碗底。筍片火肉片置兩邊魚翅鋪碗面。摻上麻菇同一些兒鹽。加滿鮮鷄湯。加蓋隔水蒸三四透。燜一回。就可供食了。還有清燉三絲翅。是拿鷄絲、筍絲、火肉絲、都是熟的。先置碗底。魚翅鋪上面。加鷄湯蒸數透供食。和頭雖然各異。鮮味是差不多的。

二　清蒸鴨

這樣菜同神仙鷄的煑法差不多的。用嫩肥鴨一只。拿來宰殺。去淨毛血腸雜。滌淨。肫肝軟肝收拾潔淨。一併放清水鍋中。加薑一片。黃酒半兩。用急火煑透。取起瀝乾待用。麻菇四只。放開去腳切片。熟火肉二兩。去皮。批成半片。干貝二兩置碗中加黃酒半兩。先行蒸熟。葱一根折挽。薑一片。陳黃酒半兩。鹽一小匙。鮮鷄湯一碗。拿鴨切去尾孔。搓些鹽同黃酒在肚內。塞入肝。腳折轉放在有蓋鴨牀裏。背向上。頭頸折放。把麻菇火肉鋪鴨上葱薑置一邊。摻下食鹽。加滿鮮鷄或鮮鴨湯。篩下黃酒。加蓋密閉。置蒸鍋上。用樹柴火隔水煑一小時。燜半小時。再煑一小時。再燜再煑。不可以開蓋觀看。煑燜六七個鐘頭。那末取出。去蓋。用筷試戳鴨身。可以直戳到底。纔是酥爛。可以供食了。先將葱薑拿去。加少許麻油。蘸醬油吃。味道鮮肥無比。

三 蒸鵝

鵝在孵出後四五個月。有肥鴨大小。沒有生出高頭。拿來宰殺出白。先放冷水鍋中。加些葱薑黃酒煮一透。取起用水沖淨。挂起瀝乾。拿葱薑細屑同鹽酒少許。遍擦肚內外面。厚塗二兩甜酒。同食鹽一兩。葱屑一匙。置蒸架上。加蓋封固。用文火煮燜三小時。起鍋。撕下鵝肉。蘸麻油醬油同食。肉頗鮮嫩。這樣菜取牠的肉嫩。等到長出高頭。肉老多羶。不好吃哩。

四 清蒸甲魚

甲魚不但有鷄肉之味。且能滋陰降火。清蒸來吃少用鹽。滋補力更大。買甲魚一斤。大的一只。小的二只。拿來宰殺倒挂。瀝盡血用沸水一桶泡透。用手指刮去滑膩的表皮。瀝乾。剪去頭尾四爪。用刀向胸部四分切開。挖去肝腸。不要經水。用黃酒洗淨浸在酒裏待用。熟火肉二兩。去皮切成薄片。陳黃酒二兩。鹽一匙。葱薑屑各少許。生板油小塊一小匙。拿火肉同各種作料。裝入甲魚肚中。外面塗些同鹽花。置大盆中。放蒸架上。加蓋煮爛三小時。取出甲魚已酥爛就可供食了。買甲魚要揀胸部作黑色的頂好。淡紅色的次之。若見作深紅色。那是蛇跌鼈。有毒不可以吃的。

五　粉蒸肉

這樣菜是拿猪肉同作料炒米粉蒸熟的。在夏天。用鮮荷葉包着蒸。味道帶荷葉香。肉也發嫩。格外好吃。用猪的五花肉一斤半。喜吃瘦的買坐臀肉。放冷水中焯一透。取起瀝乾。切成半寸見方的整塊。拿陳酒醬油各三兩同葱薑等浸十分鐘。炒米粉一中碗。鮮荷葉幾張。用水滌淨。剪成若干方塊。大小以能够包沒肉塊爲度。那末用筷頭夾起肉塊帶些醬油酒。放炒米粉內。四面塗滿了粉。置一塊荷葉中。包成方形。鋪大盆中。全行塗粉包好。拿一盆包肉置蒸架上。用樹柴文火蒸煮兩小時。見荷葉上有油水洩出爲度。取出分配碗中。臨吃解去荷葉。鮮香無比。若然不用包。作料是一樣的。塗粉後置碗中放蒸架上。蒸到肉將出油。起鍋供食。

六　粉蒸鷄

這樣菜的蒸法。同粉蒸肉一樣的。嫩肥鷄一只。拿來宰殺去淨毛血腸雜。腸雜另用。拿鷄滌淨。先切去頭腳尾孔不用。拿鷄切成半寸見方的整塊。用好醬油三兩。黃酒二兩。葱薑細屑少許。浸半小時。用炒米粉一碗。用筷頭箝住鷄塊。放炒米粉中四面塗滿。置碗中。一一塗好了。一碗裝不盡。分做兩碗。移置蒸架上。先用急火隔水煮透。改用文火煮燜到鷄肉酥爛。就可供食了。

七 粉蒸鴨

粉蒸鴨。同粉蒸鷄是一樣的。用嫩肥鴨一隻。宰殺出白。滌淨。切成半寸見方的小塊。鴨脚除去。鴨頭頗有鮮味。用鐵箝夾淨血管毛。同肉浸透。醬油酒及葱薑。然後蘸着醬油酒。塗敷炒米粉。置碗中。以後煮燜的手續與蒸鷄相同。不再說明了。還有牛肉。也可照樣粉蒸的。

八 蒸風魚

買大鯽魚兩三條。或者青魚。刮鱗破肚去膽腸滌淨瀝乾。拿鹽同花椒遍搽。放在小缸內。用石壓鹽七日。取出曬乾放在碗裏。加下黃酒二兩。白糖一匙。葱一根。薑一片。不用加水。放蒸架上。蒸三四透就可供食。或用青魚鯉魚大鰱魚。同樣鹽漬曬乾。掛透風無日處。隨時拿下蒸來吃。味道很鮮。而且越還蒸越入味。不過要大寒臘底。纔可鹽漬。和暖天氣鹽漬了。魚要發臭的。這樣是家常的美味。

九　清燉鯽魚

買大活鯽魚一條。養在清水裏。香菌三只。放開去脚。切絲。扁尖兩根。放軟去老根。切絲。鹽一撮。黃酒二兩。葱一根。滌淨折挽。薑一片。等到蒸鍋水煑熱的時候。拿魚刮鱗破肚。挖去膽腸。魚子留在肚中。用水滌淨。置碗中。加入香菌、扁尖、鹽酒葱薑。並清水一碗。置蒸架上。加蓋緊密。先用急火煑沸。改用文火煑燜兩小時。如有魚子的蒸到魚子結實酥熟爲度。就可起鍋。加幾點蔴油。蘸着好醬油吃。清鮮無比。還有塘裏魚、鯿魚、鱖魚等。只要是新鮮魚。夾鰓鮮紅的、都可以拿來刮鱗破肚。收拾潔了。用上述幾種作料蒸來吃的。

十 清蒸鱔魚

這樣菜是用鱔同和頭清蒸的•要到小暑時候。黃鱔肥嫩異常。買半斤活鱔。用剪刀剪開喉部。須連脊骨剪斷。瀝去血再剪開腹部。挖去腸雜。用指爪刮去肚中的血垢。用水滌淨。剪成一寸長的鱔段。放少許熱水鍋中。加些黃酒葱燒一透。取起。用冷水過清待用。和頭用熟火肉切成細絲。香菌三隻。放開去脚切絲。嫩扁尖三根放軟去老根切絲。鹽一撮。葱一根薑一片。好醬油一小盆。臨吃時蘸拌用的。蔴油一錢。用有蓋大碗一隻。把鱔段裝入。拿和頭鋪在上面。葱薑放兩邊。加下二兩陳黃酒。一小匙鹽。少許鷄湯或淸魚湯。加蓋置蒸架上。燃急火隔水燒一沸。改用文火煑半小時。燜一回再煑半小時。煑燜兩小時。必然酥熟。可以起鍋。加蔴油供食。還有用干貝或是生猪肉作和頭同蒸。味道不及用火肉香菌的鮮美。

十一 燉帶魚

要買鮮帶魚兩條。只有一些淡鹽漬過的。拿稻草揩淨魚鱗。用刀破肚。挖去腸雜滌淨。切成二寸長的魚段。生板油少許。切成骰子塊。酒釀帶露一小盅。葱薑屑各少許。鹽少許。拿帶魚放在碗裏。鋪上葱薑板油。倒下酒釀。放飯鍋或蒸架上煮三四透或可供食了

還有鹹黃花魚、鹹鯗魚、淸串魚等。也可以用葱薑酒蒸來吃的。不過不用酒釀用酒蒸的。味道很鮮。鹹鯗魚有用猪肉作和頭。斬成肉膏鋪碗底。拿鯗魚滌淨加入。幷加葱薑黃酒一兩醬油一兩。放蒸架上。煮燜一小時。就可取出供食。魚中的鹹味收入肉膏中。味道頗好吃。不過鹹鯗魚臭的多。要揀不臭不酥的。蒸來吃纔有鮮味。

十二 燉蛋

這樣是極普通的家常菜。若然用好和頭同蒸。味道好吃無比。頂好的和頭要算蝦仁同蟹粉。以外火肉猪肉斬細也可以同蒸的。用鷄蛋四枚。五六月裏宜用鴨蛋。因爲鷄在夏天。喜食毒蟲。常言道六月鷄蛋賽砒霜。家常都用鴨蛋的。拿來破壳倒在碗裏。加入少許清水、黃酒、食鹽、薑一片。調和。放飯鍋上蒸到蛋汁剛剛凝聚。那末把一兩水晶蝦。預先擠出肉來。鋪在蛋汁上面。再蒸煮三四透。就熟了。或用活蟹一隻。先行蒸熟。拆出肉來。鋪在蛋汁上面。蒸法是一樣的。臨吃時。倒下好醬油一匙。味道比炒蟹粉炒蝦仁更鮮。若用干貝半兩做和頭。預先放小碗裏。加黃酒一兩蒸透。取出調和在蛋汁裏同蒸。若用猪肉做和頭。用鮮猪肉二兩。滌淨去皮。斬成肉醬。注些黃酒同少許食鹽。先放碗底。拿調和的蛋汁倒下。加一片薑。少許鹽。放蒸鍋上。煮爛半小時光景就可起蒸供食。若用熟火肉二兩作和頭。去皮斬成屑。先拿蛋汁蒸到凝聚時。拿火肉屑鋪在上面再蒸兩三透就可取起。加些好醬油供食。蒸蛋忌用葱。加葱再蒸。有葱氣不好吃。加水蒸的。只能乘熱一次吃了。還蒸不好吃的。只有乾蒸。蛋要加多一半。加些薑酒。或是淸蒸。或用蝦仁、開洋、干貝等作和頭調和。放蒸架上。蒸煑五六透。要蒸到蛋汁堅實發酵高漲。吃起來格外好吃。賸留的祇可冷吃。還蒸要發蛋腥氣的。

十三　蒸干貝

這樣菜有三種蒸法。一同火肉乾蒸。二同白糖乾蒸。三同香菌扁尖鷄湯水蒸。喜吃甜的宜用糖蒸。當下酒物的。宜同火肉乾蒸。當飯菜的宜用水蒸。買干貝二十隻。每隻像象棋子大小。拿來放碗中用陳黃酒二兩。浸漬一夜。熟火腿二兩去皮批成薄片拿整隻干貝同火肉片放碗裏。拿浸干貝的酒倒下。並加白糖少許。葱一根。薑一片。用盒子蓋密。放蒸架上。先用急火燒兩透。改用文火煑燜半小時。就可取出供食了。若用糖蒸干貝也要用黃酒隔夜浸軟。移放碗中。加白糖三兩。黃酒一兩桂花半匙。放蒸架上蒸熟。若然水蒸。用香菌三隻。放開去脚切絲。扁尖三根。放軟去老根。切細。黃酒一兩醬油一兩。薑一片。鷄湯一碗。放在一隻碗裏。放蒸架上煮燜半小時。就可起鍋。加麻油供食。

十四 蒸蟹

蟹是頂鮮的食品。帶殼蒸來吃。比炒蟹粉更鮮。不過潮河中的混水蟹少鮮。湖蕩中的淸水蟹。食稻穀長大。到九十月裏。肥大肉滿。最大的一隻重一斤左右。買大肥蟹三斤。放淸水中用洗帚滌淨。拿陳酒澆些口部拿薑片紫蘇葉塞些蟹臍裏。用稻草把蟹脚十字花束住。鍋中放着帶梗紫蘇三束。加一碗淸水放在上面。先用急火煮沸。改用文火再煮燜半小時就熟了。取起置有蓋瓦鉢中。吃一隻拿一隻。不會冷卻。用老薑一塊滌淨。斬成細屑加入一盆好醬油中。另備一盆醋。吃時剝殼蘸醬油或醋吃。那是下酒的第一美味。惟蟹性極寒。不宜多吃。軟臍（生在腹內兩旁的）六角蟲、（生在腹內中央帶白色像豆瓣大小作六角形的）其性更寒。一定要揀除。不可誤食。食蟹後口渴宜飲白糖湯。切不可就吃柿子。切記切記。

十五　猪油蒸蟹

買肥蟹三四隻。用水滌淨。用繩串住掛起。等牠腹中的水分噴沫乾淨了。拿黃酒一兩。澆在蟹嘴上。等牠收納。一面用熬熟凝凍的猪油四兩。先拿蟹脚切去。拿雌蟹腹部的團臍。雄蟹腹部的尖臍。用手指撥開塞入一兩葷油一隻。隨手揿合。置碗裏。加下黃酒一兩。好醬油三兩。薑屑一中匙。拿蟹脚切除細的上部。單拿粗的下部放碗中。置飯鍋或者蒸架上。蒸煑三四透。蟹殼發紅。就可取起供食。

十六　淸蒸腰腦

買猪腰一隻。猪腦一副。同浸在冷水裏。先剝除猪腰外面一層薄膜。用刀剖作兩爿。削淨中間的白筋肉。用刀口在腰面橫劃一分闊半分深的許多淺刀路。再縱批成半寸闊一寸長的開花腰片。浸冷水中待用。拿稻柴心一根。約長二寸光景。把猪腦外面的血筋細細捲盡。切成小塊待用。熟火肉一兩。去皮批成狹長薄片。嫩筍一隻。剝殼去老根。蒸熟切成薄片。香菌三隻。放開去脚切絲。陳黃酒半兩。鹽一撮。葱一根。滌淨折挽。薑一片。拿腰腦同和頭葱薑。放在一隻碗裏。摻下鹽。拿酒倒在腰腦上。加濾去渣屑的放香菌水一飯碗。拿盛腰腦碗置蒸架上。煑兩透。略燜五分鐘。就可供食。煑燜過久。腰片反而發老不好吃。

十七　蒸三絲湯

這樣菜各幫館子裏都有。酒席上都用牠做大菜的原料。都用熟的熟火肉二兩去皮切成絲。熟筍兩隻。去老根切成絲。熟精猪肉一塊切成絲。三樣絲各長寸半。粗細約一分見方。白鷄湯一碗。陳黃酒半兩。鹽一撮。薑一小片。拿筍絲猪肉絲置碗底兩邊。火肉絲鋪上面。不要弄亂。須用有蓋大菜碗。加鷄湯約八分滿。注下少許酒。加入鹽同薑片。蓋密。放蒸架上。先用急火煑兩沸。改用文火。煑燜半小時。就可起鍋。去碗蓋。上面若有白沫浮起。用湯匙撩淨供食。味極淸鮮。若然不用猪肉。改換鷄胸膛肉。味道更覺好吃。

十八　蒸腐衣包肉

這樣是最經濟的家常菜。不動油鍋。就飯鍋蒸熟的。味道很鮮。買猪肉半斤。(可多可少、半斤肉可蒸一大碗、單用肉包不及夾和頭的來得鬆鮮、)用野菜三兩。揀淸滌淨。擠乾水分。先行切斷。一面拿猪肉去皮滌淨。先批成薄片。切成屑。摻上鹽花。同野菜一起斬成肉泥。置碗中。加入黃酒醬油少許待用。沒有野菜的時候。或用嫩筍一隻。剝殼去老根。或用小青菜一把。滌淨切斷。同肉一起斬細。鮮味和野菜差不多的。買軟豆腐衣四張若是乾脆的腐衣。先平放在平底一湯盆中。用熱水泡軟取起瀝乾。每張各切成二寸見方的方塊。用湯匙撈起一滿匙肉泥。置腐衣方塊中間。四角折攏。包成一寸半長的肉包。陳黃酒二兩。好醬油二兩。麻油一錢。葱一根。薑一片。拿腐衣包肉疊置兩隻碗中。加入醬油酒葱薑。并加清水八分滿。移置飯鍋上。煮燜到飯熟。肉包也熟透取起加麻油可吃了。這樣菜越蒸越好。不過湯汁乾了。加添肉湯或醬油湯還蒸透了。鮮味仍在的。

十九　蒸百葉包肉

這樣也是家常菜。和豆腐衣包肉的味道差不多的。買猪肉半斤。也可用野菜或小青菜或嫩筍等一同斬細的手法和腐衣包肉相同。若然單用猪肉。滌淨去皮。先批成薄片再斬成肉泥。加入一錢砂仁末。一小匙葱屑。一中匙鹽。斬和撈置碗中。注入黃酒一兩。

拌和待用。香菌三隻。放開去脚切絲。扁尖三根。放軟去老根。切絲。放的水濾淨待用。黃酒一兩。好醬油二兩。薑一片。百葉六張。用熱水泡過。吹乾。每張切成四塊。共二十四塊。拿湯匙撈取肉泥。置百葉塊中。包成肉包。預先把肉泥匀分二十四分。包竣分置兩碗。拿和頭作料同放香菌扁尖水。匀分兩份。加入肉包碗中。置飯鍋上煮燗到飯熟可吃。百葉包肉也蒸熟可吃了。臨吃加些麻油。味道很鮮。

二十　蒸肉籠鬆

這樣是拿猪肉同幾種和頭蒸熟的。買猪肉半斤。精肥自擇。拿來滌淨去皮。切成二分見方的小塊。放少許冷水鍋中加葱一根。酒半兩用急火煮一透。用笊籬撈起。清水冲淨血沫。瀝乾置碗中。一面用嫩筍一隻。剝殼去老根。切成同樣的小塊。香菌三隻。放軟去脚切成小塊干貝兩。用黃酒二兩先浸一夜。這三樣是和頭。加入肉塊中。再加好醬油二兩。黃酒少許。白糖一匙。鹽少許。薑一片。拌拿半杯放香菌水加入。用大盆覆蓋。置飯鍋上。煮燜到飯熟可吃。肉籠鬆也蒸熟可吃了。這樣菜要注意鹹淡適當。忒鹹忒淡都不好吃。湯水不可多加。頂要緊煮的時候。莫放飯湯混入。

二十一　蒸八寶肉圓

買猪的腿花肉一斤。去皮滌淨。斲斬成肉醬。加入黃酒半兩。鹽一匙。葱屑半匙。拌浸片時。一面用熟火肉二兩。去皮斬成細屑。松子肉一兩斬細。香菌半兩。用水放開。去脚切屑。放香菌水濾淨待用。嫩筍一隻。剝殼去老根。斬成細屑。好醬油二兩。豆粉一杯。麻油一錢。薑一片。拿豆粉同四樣和頭。一起置肉泥中加入醬油。用筷充分攪和。攪到黏併不脫落為度。用湯匙撈起一滿匙。放掌心中做成肉圓。平置大盆中。加些薑酒食鹽。放蒸架上蒸煮成熟。就可供食。或者蒸熟後。拿十幾個肉圓。同放香菌水下鍋。煮一透。加入漂淸的細粉一束。再煑一透。摻下少許。就可盛在碗裏。加麻油供食。味道更鮮。

二十二　蒸羊膏

羊膏是拿熟羊肉凝凍的。祇可冷吃作下酒物。拿來加些作料蒸透了熱吃。味道更好。買羊膏一斤。羊肉原湯一碗。醬油三兩。黃酒二兩。白糖一兩。醋少許。薑屑一小匙。大蒜葉一根切細。這是臨吃加入的。拿各種作料同羊膏放在一隻碗裏。放蒸架上。加蓋蒸煑三四透。或放飯鍋上蒸到飯熟。取起加大蒜葉供食。味道頗鮮。

二十三　蒸香腸

香腸、是廣東店裏出售的。自製也很容易。買猪的小腸一副。用竹筷一隻。戳住一端。逐條翻轉。拿食鹽搽擦。弄淨裏面的腸垢。放清水滌過。若有臭氣。再用鹽搽水滌。收拾到鹽摻上。浸漬到皺皮。拿乾淨木板壓扁。平鋪湯盆中。用醬油四兩。黃糖二兩。甜酒一匙。同放碗中用筷頭攪。和使糖溶化。澆在茄餅上。放飯鍋上蒸到飯熟取出。移放日中曬乾。再蒸再曬約四五次。方纔入味。放有蓋瓦缽中。隨時取食。有製蘿蔔乾之味。

第四類　煨中菜

煨有紅煨乾煨火煨等三種區別。紅煨用醬油糖酒和頭等燜熟的。乾煨是作料裝在食品的裏面。乾烘熟的。火煨、是用竹箬包緊食物。外面滿塗礱糠和濕泥。置礱糠火中煨熟的。煨法各異。滋味也各別。

一　火煨雞

買肥嫩雞一隻。宰殺瀝盡血不要洗滌去毛。單把尾部長毛拔去少許。剪開屎孔。用手指伸入。拉去腸雜另用。拿銅勺灌冷水入鷄肚滌淨血垢。拿鷄豎直倒去汚水。用淨布揩乾鷄肚。注意鷄毛不要弄濕。先拿半兩鹽遍擦鷄肚。要擦得重。那末拿好醬油四兩陳黃酒二兩葱薑屑各一匙。大茴香一隻。一起放入鷄肚。用線密縫剪刀口。團做成長圓形。用礱糠同乾淨山泥同少許水攪和凝聚。遍塗鷄毛上外用竹箬兩張對合包着用繩束住。一面用稻草把堆成一個空圓圈。拿一中籮礱糠倒一半入柴圈中。拿塗泥鷄橫放中間。上面再倒一半礱糠。用火點燃四圍的草把。莫放牠熄滅等到稻草礱糠燒盡了。約經半日光景。礱糠火也將過了。用鐵鎝攙開灰。鎝出泥團。向硬地上用力一擲。泥灰同鷄毛。脫落乾淨成一隻出白熟鷄。拿來斬碎用醬麻油拌食。味道鮮香無比。不過要慣常煨鷄的老廚司。方能配得準用稻草把幾個。礱糠多少。煨時還要當心火力不可忽熄忽旺。又不可過旺。方能煨得恰到好處。毛脫鷄熟。纔覺好吃。也有配不準用燃料多少。初次煨鷄。不用竹箬包裹。等到燃料燒盡。鎝出見塗泥有許多裂痕。纔是成熟。也可擲地脫毛。不過無臭氣爲止。買猪的腿花肉二斤半生火肉半斤。拿來滌淨。各切成三分見方的小塊。一面預先拿好醬油四兩。黃酒二兩。花椒一錢。葱一根滌淨切成寸段。薑一塊切成細絲。拿五樣作料浸在一隻碗裏。隔一夜。撩去花椒葱薑。加入白糖二兩。浸兩小時。拿鮮肉火肉塊拌入攪和。塞在各條小腸裏。以滿爲度。兩端用線結住。每隔半尺再用線束住。使中間的肉塊結實。再拿針頭向小腸上刺許多小孔。使裏面的空氣外洩。不致變臭。懸掛向南的屋簷下。曝曬七日。移掛透風無日處。風兩個星期。就可拿來蒸食。要在大寒臘底製成。可以經久不壞。所以又叫臘腸。蒸時齊結切下一段。約長半尺。用水滌淨塵垢。拿刀切成一分上下的薄片。攤在盆底裏。置飯鍋上。蒸到飯熟。就可取出供食。形狀和味道。好像火腿腳椿。不過風得時候長久了。腸和肉都堅硬異常。頂好風兩三星期就蒸來吃。味道頗鮮美。這樣是只可以蒸來吃的食品。拿來當下酒物和粥菜。最爲合宜。

二十四　蒸香肚

香肚的製法和味道。同香腸差不多的。買猪肚一隻。拿來翻轉。蘸一些素油同鹽。放砂石輕輕磨擦。磨一回放清水滌一次。再磨再滌。磨到無臭氣爲度。翻轉正面。用鹽搽擦一次。滌淨吹乾待用。拿猪肉二斤。火肉半斤。滌淨去皮。切成小塊。一面隔夜拿醬油四兩。黃酒二兩。花椒一錢。葱一根切斷。薑一塊切絲、一同放大碗裏浸一夜。次晨撩去花椒葱薑。加白糖二兩。浸一小時。拿肉塊倒入拌和。塞入猪肚。以滿爲度。用線束結塞口。拿針頭向肚皮上刺二三十個小孔。使裏面的空氣外洩。不致變臭。掛南簷高處落不着雨雪的所在。曝曬十日。移掛透風無日處兩星期。就可拿來切片蒸來吃。不過要在寒冬臘月製就風好。那末到春天蒸來吃。不會變壞。蒸的法子。同臘腸差不多的。

二十五　蒸茄餅

這樣是下酒和吃粥用的。買茄子十幾隻。拿來摘去蒂柄。用刀劃竪路四條。用少許帶些爊鷄的煙火氣。一定要竹箬包着。方無煙火氣。各種飛鳥。也可煨來吃的。不過小的要煨焦。要像野鴨大小方可煨。先破肚去肚雜。滌淨擦鹽灌作料密縫尾部。用礱糠泥遍塗毛上。用厚桑皮紙包裹。放灶肚內。用礱糠火煨熟供食。燃料也要配準。否則過少煨不熟。過多煨成焦炭。煨過一兩次就容易了。

二　紅煨魚翅

紅煨魚翅。一定用肉絲筍絲做和頭的。買魚翅一只。如法煑放到翅條漲大明淨待用。(放法見前)用猪的腿花肉一斤。滌淨去皮。切成一寸長的肉絲。放一升冷水鍋中。加葱一根。燒牠一透。用笊籬撈起。拿清水冲去血沫。瀝乾待用。嫩筍一斤。剝殼去老根。切成細絲。長約一寸。同肉絲下鍋。加淡鷄湯一碗。用急火煑沸。篩下黃酒二兩。加蓋再蒸一透。加入好醬油四兩。冰糖二兩。薑一片。葱一根。用文火徐徐煑爛到肉絲酥熟。嚐過鹹淡。

如嫌汁已煮乾。再添鮮鷄濃湯半碗。拿魚翅下鍋。改用急火煮沸。加下少許眞粉膩。見鍋中發沸。就可起鍋。加少許麻油供食。注意魚翅已經放開。幷放鷄湯葱酒中煮過經不起火力的了。早下鍋要烊化的。

三　紅煨松花蹄筋

買猪蹄中的筋六七根。生火肉二兩。去皮切片。嫩筍半斤。剝殼去老根切片。素油或葷油六兩。好醬油三兩。黃酒二兩。白糖一大匙。薑一片。香菌三只。放開去脚切絲。食鹽麻油各少許。倒油入鍋。用急火煮沸。投入軟蹄筋。爆炙到全體發鬆。若是風乾蹄筋。先放冷水鍋中。加火煮軟漲大。撩起瀝乾。然後入鍋纔炙得鬆。爆炙不宜過火。恰到好處。拿笊籬撩起。切成寸段。一面倒去熱油。賸留少許。用急火煮沸。投入火肉筍片。用鏟攪抄三四下。投入蹄筋。再抄兩三下。拿黃酒向鍋底四邊篩下。略蓋即揭開。加下醬油、葱、薑、濃鷄湯一碗。用文火煮兩透。加入冰糖。煮燜到酥熟入味。就可起鍋加麻油供食。

四　紅煨海參

大玉參半斤。預先幾天煮放好了。（放法見前。）拿來切成寸半長三四分闊的條子。待用。買猪肉一斤。切成肉絲。同一升冷水入鍋煮一透。用笊籬撩起。拿清水冲淨血沫。或用筍半斤。剝殼去老根切絲。或用山藥兩根。先放冷水鍋中煮半熟。剝去外皮。切成三分闊厚。一寸長的條子。葷油四兩。好醬油四兩。冰糖二兩。黃酒二兩。鹽一撮。薑一片。葱一根。倒油入鍋。用急火煮沸。投入肉絲。用鏟攪抄到脫生。加入海參攪抄幾下。篩下黃酒。投入葱薑。隨手加蓋。煮沸去蓋。加入醬油、鹽、同一樣素的和頭。加鷄湯或清水一碗。加用文火。加蓋徐徐煨燜到酥熟入味。加入冰糖。煮到糖熔汁厚。就可起鍋加些麻油供食。煨這樣菜全在海參放得恰到好處。放得爛了。容易烊化。放得硬了。煨不酥熟。

第五類　炸中菜

炸的中菜。就是拿魚肉等投入多量油鍋中炸透了。或則加和頭作料煑食。或則用甜醬蘸食。味道鮮潔爽口。

一　走油肉　附雪煨

炸猪肉、俗稱走油肉。買五花肉二斤。滌淨。刮盡皮垢。放冷水鍋中焯一透。取起拿清水冲過。吹過待用。素油一斤。倒入鍋中。用急火煑沸。拿肉切成三寸闊六寸長的整塊。投入油鍋中。用鐵笊翻動。炸到皮皺肉熟。發黃色就可起鍋。炸肉的油。倒在瓦缽中。再可拿來炸炙食品的。炸好的肉。放在透風處。可隔一星期不變味。（暑天好隔兩日）拿鹹雪裏紅三兩。滌淨擠乾。切成細屑作和頭。走油肉四兩切成排塊。醬油二兩。白糖一兩。黃酒少許。薑一片。素油一兩。倒鍋中。用急火煮沸。投入雪裏紅。用鏟攪抄一陣。加入走油肉。再抄幾下。篩下酒加蓋煮透。去蓋投入醬油、糖、薑、清水半碗。用文火煮兩透。就可起鍋供食。

這樣叫做雪煨。就是雪裏紅煨走油肉的簡稱。味道鮮美異常。

二　炸排塊　一名炸肫

這樣菜是拿鷄鴨肫切塊炸汆的。用鷄鴨肫各四個。軟肝除去。拿剪刀搶開翻轉。除盡食屑。剝去一層黃皮。用鹽再四搽揑滌淨。切成排塊。約三分厚。六分長。用醬油黃酒浸片時素油二斤（油少炸不透的。）黃酒少許。醬油四兩。葱薑屑、花椒末、胡椒末、食鹽各少許。拿油倒入鍋中。用急火煮到滿鍋發沸。預先用笊籬盛着肫塊。瀝乾醬油酒。投入鍋中。拿鐵笊籬攪動。莫放牠併塊。汆到稍起黃色。就用笊籬撈起。投入糖醋中。不喜吃醋的。投入糖酒醬油中。隨手撈起瀝乾。再投入油鍋中炸到四面成淡黃色。即行撈起置盆中。

摻上花椒、胡椒末、同鹽花供食。味道鮮脆無比。炸老了。入口便覺老硬少鮮。這是京館裏的炸法。蘇幫館子裏拿肫塊先切許多刀路。浸醬油酒中半小時。取起蘸拌豆粉一薄層炸炙。也蘸鹽椒末或甜醬同食。更覺脆嫩。

三　炸蝦球

水晶蝦二斤。擠出肉來。用刀斬爛。置大碗中。黃酒少許。鷄蛋四個。破孔濾白放碗中。豆粉一杯。食鹽一撮。葱屑一匙。一起加入蝦仁碗裏。用筷充分拌和。拿湯匙撈取。做成圓球置盆中。拿葷油一碗。倒入鍋中。用急火煮沸。投下蝦球。炸到四面黃透。用笊籬撈起。盛在碗中。摻上胡椒末少許。蘸甜醬同食。味很香脆。

四　炸粉肉片

猪的全精肉或五花肉一斤。滌淨。切成七分闊一寸長的薄片。用醬油黃酒葱薑屑浸漬半小時。鷄蛋四個。破孔瀝白入碗。用筷調和。糯米粉一飯碗。置瓦鉢中。加入好醬油二兩。黃酒半兩。拿蛋白加入拌和。再加冷水適宜。使成薄漿糊狀。拿肉片投入拌和。用葷油一斤。到入鍋中。用急火羨沸。拿肉片從粉糊中拎起。逐片投入沸油中。用笊籬翻動。等到兩面炸透。隨手撈起。油少肉片多。可以分做兩三起投入。不會併牢。而且片片炸得透。臨吃。摻上花椒末胡椒末各少許。蘸醬同食。味頗肥脆。炸籴不宜過久。須片片翻動。見四面發黃就可起鍋。

五　炸爆魚

用青魚一條。刮鱗破肚。挖出腸雜另用。把魚滌淨。除去頭尾及肚當一條。剖作兩爿。切成二寸長一寸闊的薄片。用醬油、黃酒、鹽、葱薑屑浸漬半日。拿素油三斤。倒入鍋中。用急火煑到滿鍋發沸。投入魚片炸爆。用鏟時時翻攪。見片片炸透發黃。用大笊籬撈起。瀝盡油滴。一面拿浸魚的醬油酒倒入鍋中。加適量的清水。用急火煑沸。拿炸好的魚片投入。燒牠三透。那末起鍋供食。味道很好。拿這魚片同汁下麪吃。就叫爆魚麪。淸鮮異常。

六　炸冰葫蘆

這樣是蘇幫酒館裏的甜菜。用猪的生板油一斤剝去兩面的油筋。切成半寸見方的小塊。用白糖一碗。糖製桂花一匙。拌浸半日。鷄蛋四個。破孔瀝白。注碗中。加少許麪粉。用筷調和。乾麪粉一碗。平鋪在圓盤裏。拿猪油逐塊滿蘸蛋汁。置粉中。拿盤篩蕩。使麪粉黏塗到猪油塊上。篩到厚塗麪粉成小圓球狀。那末拿葷油或素油一斤。倒入鍋中。用急火煑沸。投入粉拌猪油炸氽。時時用鏟攪動。莫放牠黏併。火力不要過旺。炸到麪粉成淺黃色。裏面猪油發明。就用笊籬一起撈起。瀝乾油滴。置碗中。摻上多量潔白糖。一匙糖製桂花。乘熱吃。甜肥香脆。四美皆全。好稱甜菜中的妙品。

七　炸蝦包子

這樣菜、京蘇兩幫館子裏都有的。不過都用鮮黑魚肉做充蝦肉。味道少鮮。惟有依下法自煑。用水晶蝦二斤。擠出肉來。加入葱屑鹽花、黃酒各少許。用刀斬爛待用。猪網油三張。滌淨吹乾。劃成三分闊的長條。撈取一疊蝦肉。拿網油包繞成一個圓球。約摸荔子大小。一起包好了。用五個鷄蛋。破孔瀝出白來注大碗中。用筷調和。拿蝦包投入使網油浸着蛋汁黏牢。一面拿葷油或素油一斤。倒入鍋中。用急火煑到滿鍋沸透。拿蝦包投入。炸到全體發黃色。用笊籬撩起。置碗中。摻上少許砂仁末同胡椒末。乘熱蘸甜醬同食。鮮肥香脆。四美俱全。不過冷了就不好吃。且忌還蒸。

八　炸肉嵌麪筋

麪筋二斤。若然買不到生麪筋。自製頗易。用麥上舂下的麩皮三四升。用冷水拌濕到黏合不散。放平底腳盆中。加滿清水。拿兩隻腳底先用溫水洗滌乾淨浮垢。那末用腳底踐踏麩皮。踏得發凝成軟膠狀。另換清水浸漂。等牠發出性頭。柔凝拉得長了。移放竹籃中。置河內。用手洗淘。使麩殼盡行落去。便成麪筋。浸在一桶清水中。拿秤稱準二斤待用。買猪肉二斤。精肥自擇。拿來去皮滌淨。用刀批成薄片。斬成肉醬。拱置碗中。加入砂仁末二錢。黃酒半兩。鹽一匙。葱屑一匙。用筷頭攪和。若用水晶蝦一斤。擠出肉來。和在猪肉中。一同斬爛。味道更鮮。素油一斤。好醬油四兩。白糖一匙。薑一片。鷄湯或清水一碗。那末拿麪筋分摘成二十幾個湯糰坯子模樣。仍浸在清水裏。逐一拿來揑空中間。用筷頭撈一團肉泥塞入。拿四圍的麪筋合籠揑併。便成一個圓形肉嵌麪筋。一起做成。倒油入鍋煑沸。投入麪筋炸透。用笊籬撈起。用醬油糖酒同鷄湯一碗薑一片。一併放另一鍋中。燒煑到肉心酥熟。汁濃入味。就可起鍋供食。味道很鮮。不忌還蒸。也可用筍片或針金菜做和頭的。

九　炸魚

用新鮮的鱖魚或黃魚一條。約重一斤。小魚肉少不能炸的。拿來刮鱗破肚。收拾滌淨。用刀在魚肉上劃滿斜方刀路用醬油酒同葱薑浸一小時。拿茴香屑。花椒末各少許。同甜酒一匙拌和。滿敷魚腹中。倒葷油半斤入鍋。用急火煮沸。拿魚投入。炸爆到兩面發黃撈起用好醬油二兩。黃酒一兩。白糖一匙葱薑屑少許。放另一鍋中。加半碗清水燒兩三透。就可供食。喜吃酸的。起鍋時加醋一小匙。叫做醋熘炸魚。味道香脆鮮美。還有用網油包了炸氽。其法已見煑的中菜類。若然喜吃清爽菜的。炸透後。用香菌絲、熟火肉片各少許同魚置碗中。加鷄湯或清水一碗。放飯鍋上蒸透。臨吃蘸醬油。味道也很鮮的。

十　炸排骨

這是現在風行一時的下酒物。菜飯麪館裏都有的。用猪的筋骨肉。切除肥肉。連骨切成寸半長的排塊。倒素油二斤入鍋用急火煑沸。投入排骨。用鏟翻動。等到兩面炸到淡黃色。就用笊籬撈起。過分炸老了。精肉要嚼不爛的。再用好醬油、黃酒、白糖（用量隨排骨多少而定。）大約一斤排骨。用醬油酒各二兩。白糖四錢。薑一片。清水半碗。放入一另鍋中燒煑到汁濃入味。就可起鍋。或當下酒物。或做麪澆頭。還有酒席上用的醬炙排骨。也是先下油鍋。炸到微黃色撈起。再用黃酒白糖甜醬同清水少許一起下鍋煑成的。

十一　油炸蝦

這是下酒的美味。熱天可以存放幾天不變味。寒天冷吃不會凝凍。買水晶蝦一斤。剪去芒腳。用清水滌淨瀝乾。素油半斤。好醬油三兩。黃酒少許。白糖一匙。茴香末一包。臨吃用的。炸法有兩種。一種先拿蝦用醬油酒浸漬兩小時。撈起瀝乾。投入沸油鍋中。炸到蝦殼起紅黃色撈起。就可剝殼、下酒。在暑天也可隔二三日不壞。一種拿淡蝦投入沸油鍋中。炸到蝦殼發紅黃色撈起。再同醬油酒白糖放另一鍋中。用火煑兩透。就可起鍋。加茴香末下酒。注意煑蝦不要加鍋蓋。一加蓋蝦肉要發爛不好吃的。

十二　炸菌油

菌油、是拿松樹菌茅柴菌角樹菌等炸成的。其他含有毒質的野菌不可以吃的。要算松樹菌最鮮。作咖啡色未曾開足的菌子更好。約重一斤。拿來摘除菌脚。揀淨蛀蟲。摻上鹽花少許。浸淸水中半小時。滌淨。用笊籬撈起吹乾。素油半斤。好醬油半斤。老薑兩塊切成薄片。倒油入鍋。用急火煑沸。投入菌炸爆片時。加入醬油薑片。改用文火。煑到水氣漸少。鍋中沒有爆炸聲。就可起鍋。盛在有蓋的瓦鉢裏。等牠冷透。加蓋緊密。可以經久不壞。用湯匙撈起二三匙拌豆腐。或煑細粉湯吃。味道很好。

十三　炸蟹油

用活蟹三斤。洗滌用稻草縛脚。同紫蘇三四錢。一併放適量冷水鍋中。用急火煑三四透。燜一回。取出拆出蟹肉來。軟臍同六角蟲須仔細揀去。一面用素油半斤入鍋煑沸。投入蟹粉。炸爆三分鐘加入好醬油六兩。黃酒一兩。老薑六七片。用文火煑到鍋中無爆炸聲。就可起鍋。儲藏有蓋瓦鉢中。待冷加蓋。隨時拿湯匙撈起拌麪拌生豆腐吃。鮮味和菌油相似。儲藏不及菌油耐久。

十四　炸海白蝦油

鮮海蝦殼白肉嫩。味頗鮮。約用三斤。剪去頭芒。滌淨吹乾。素油一斤。黃酒一兩。好醬油六兩。老薑一塊切薄片。炸法和蟹油相同。

第六類　燻中菜

燻的食品只宜於冬天。夏天忒嫌火氣。不宜吃的。燻法、大致相似的。

一　燻肉

買猪肉二斤。或用蹄胖煮熟後須將骨頭拆去。或用五花肉。滌淨切成長片放緊水鍋中。用急火燒煮一透。撩淨浮沫。篩下黃酒半兩。加蓋煮沸。加入葱薑醬油。用文火煮倒酥熟。起鍋待用。一面拿茴香末三錢。紅糖半碗木屑一碗拌和置燻鍋底。罩上燻網。拿肉片鋪在網上。加蓋。用稻草向鍋底燃燒。先武後文。使香料木屑着火起濃煙燻騰肉上燻好一面。翻轉再燻。等到兩面發紅就可取出用硬鷄毛蘸些葱椒麻油敷上。味道香美好吃。

二 燻魚

凡屬鮮魚。都可以燻的。要算活鯽魚同青魚片燻起來頂好吃。用大鯽魚二斤。小的也可用惟嫌骨細。拿來刮鱗破肚。挖去膽腸及夾鰓。魚子留在腹中。用水滌淨。置瓦缽中。加入醬油三兩。黃酒三兩。葱薑屑各一匙。浸漬兩小時。用素油六兩入鍋煑沸。預先拿魚撈起吹乾。投入油鍋中。兩面爆透。盛在碗裏待用。一面拿甘草末.茴香末、花椒末。紅糖各等末。平鋪燻鍋底。罩上燻架。拿鯽魚放架上。若用青魚。也是先切成片。用醬油酒浸過。下油鍋炸透置架上。預備半杯麻油。架入葱屑花椒末各一匙醬油酒各少許。硬鷄毛三根用線結住。那末用稻草向鍋底燃燒。加蓋。等到鍋底香料燒着。濃煙燻騰魚肉上。去蓋拿鷄毛蘸葱椒麻油遍塗魚上。翻轉再燻再塗。約塗翻兩三回。鍋底無煙。就可取起。待冷供食。香美無比。

三 燻鷄

肥嫩鷄一隻。宰殺出白。滌淨。放冷水鍋中。水須透過鷄身少許。加入葱薑。用急火煮沸。撩淨浮沫。篩下黃酒二兩。加蓋煮兩三透。燜一回。摻下食鹽一匙、再煮一兩透用筷頭試戮。一戮到底。鷄肉已爛。取起吹乾。拿來切成兩爿。置平面燻架上。鍋底也鋪着茴香末、花椒末、料皮屑·丁香末、甘草末、白糖各等末拌和平鋪。拿鷄同罩上。加蓋。用稻草向鍋底燃燒。等到香料燒着起濃煙。去蓋。拿鷄毛蘸葱椒麻油塗鷄皮上。莫放鷄皮燻焦。燻到起黃色爲度。取下斬成一寸長三分闊的小塊。用焯熟馬菜頭擠乾切細。拌些白糖襯碗底。上面鋪燻鷄。澆上麻油醬油供食。那是春天下酒的美味。燻鷄不免有火氣。馬菜頭清涼戒毒。所以用牠做和頭的。

四 燻田鷄

田鷄肉、鮮嫩勝過鷄肉。燻來當下酒物。香嫩無比。買出白田鷄一拿來滌淨。用葱薑醬油黃酒浸兩小時。拿六兩素油下鍋。用急火煮沸。投入田鷄。用鏟翻抄到脫生成淡黃色。取起。一面拿甘草末茴香料皮花椒等末同紅糖一大匙拌和平鋪鍋底。罩上細眼燻架。鋪上田鷄。加蓋。用稻草向鍋底燃燒。等到鍋中濃煙、上騰。去蓋。拿鷄毛蘸葱椒麻油敷田鷄上。隨敷隨翻轉。等到兩面燻好取下。蘸醬油麻油下酒。好吃無比。

五　燻臟肚

買猪肚一只。猪腸一副。拿來翻轉。用鹽搽擦去臭垢。肚子套在手上向砂石上磨擦到沒有臭氣。用水漂浸半日。放緊水鍋中。加葱兩根。燒一透。連水取起。放河水中滌淨。再放鍋中。加清水透過臟肚少許。用火煮一透。篩下黃酒二兩。再煮一透。投入葱薑並鹽一大匙。用文火煮燜到肚子酥爛。筷頭戳得入。連猪腸一併取起。拿刀把猪肚剖成兩爿。大小腸各切成一尺長光景。待用。拿預備的香料。和燻鷄肉用的一樣。平鋪鍋底。罩上燻架。拿臟肚放在架上。蓋上燻罩。用稻草向鍋底燃燒到鍋中起濃煙上騰。拿鷄毛蘸些葱椒麻油塗肚子上。猪腸不塗也可。祇須翻轉燻透。就可取起。等到冷後。用醬油麻油拌食。味頗鮮美。燻肚更比燻臟好吃。

六　燻猪舌猪腦

買猪舌猪腦幾個。拿舌頭放冷水鍋中焯一透。用刀刮淨舌上的垢膩。用水滌淨。放少許冷水鍋中。燒煑一透下酒。再煑一透加醬油鹽同葱薑及大茴香一只。再煑到酥熟。摻下白糖。煑到汁乾取起。猪腦放在清水碗中。用稻草心捲淨血筋。和猪舌同鍋煑熟。一起攤燻架上。燻法及燻料與燻鷄肉一樣。燻到全體成深黃色取起切片。用葱椒醬麻油拌食。味頗香美。

七　燻蛋

燻蛋是極容易的。但是要燻來白嫩黃溏。這卻不易了。用鴨蛋十幾個。放過頭冷水鍋中。燒煮兩透。用笊籬一起撈起。浸入多量冷水中激透。逐一拿來把殼輕輕敲碎剝去。這時的蛋黃尚未凝固。蛋白也發軟。那末放平面燻架上。鍋底鋪甘草末一兩。茴香屑一兩。沙糖一兩。鍋底用稻草把燃燒。使鍋中出煙上騰。見蛋一面燻成淡黃色。隨手翻轉再燻一面。燻成淡黃色就可取出。不必塗麻油。燻的時間不宜過久。吃起來切成兩爿。溏黃緋紅。（要揀青殼鴨蛋。黃纔發紅。）蛋白外黃裏白。拌些醬麻油供食。味頗香嫩。煮老了不好吃哩。

八　燻鴿子

買活肥草鴿兩三只。拿回來每隻用一兩黃酒灌入口中。拿有眼銅錮套住嘴巴。一回兒就醉死了。去毛破肚。挖去腸雜。用水滌淨。倒六兩葷油入鍋。投入大茴香一只。料皮一小塊。用急火煮沸。投入鴿子。用鏟爆炒到脫生。篩下黃酒二兩。隨手加蓋。煮透去蓋。加入好醬油三兩。薑兩片。清水一碗。用文火煮爛到酥熟。摻下白糖一匙。煮到糖熔汁厚。就可起鍋、待燻。單獨鴿子殊嫌太少。可買生的小鳥。黃雀之類。三十只。鳩、或是他種與鴿同樣大小的野鳥兩三隻（向打鳥人或野味店購買）拿來去毛破肚。收拾潔淨了。和鴿子同鍋煮熟。至於燻料燻法同燻鷄一樣的。不必說明了。待冷後鴿子切成四塊。小鳥囫圇撕肉吃。可稱下酒的美味。

九 燻青荳

燻青豆那是下酒的美味。不過要買青綠鮮嫩的毛豆莢。須買銀杏白或是紫路豆。

莢大肉扁的約十幾斤。拿來剝殼去衣。放鍋中加食鹽三兩。淸水三碗。焯牠一透。速卽一起撈起。平攤竹篩中。豆色較生更覺靑綠。焯時不要加蓋。一加蓋豆色燜黃了。用蔽穀茴香末一兩。木屑三斤拌和。平鋪鍋底。拿盛豆篩蓋鍋上。用稻草火燃燒鍋底。濃烟上騰。莫放牠燻黃。就用空篩對合翻轉。再燻一面。燻到兩面皺皮。豆色碧綠就好了。待冷貯藏鉛罐中。隨時取出下酒。味甚鮮。還有一種烘法。拿毛豆先焯兩透。平鋪竹篩裏。用一熾炭風爐放地上。四面圍以竹篾編成的纂條。拿豆篩擱在風爐上面。距離一天許。以篩底不烘焦爲度。也烘到兩面皺皮爲度。

一〇　燻筍

黃筍四斤。別種春筍也可用的。祇須殼黃肉白。有一種殼黑肉靑。略帶苦味。不好吃的。黃筍要揀小嫩的。粗大的肉老帶辣味少鮮。拿來剝殼去老根。切成兩片。同好醬油四兩。白糖一匙。清水少許。放鍋中燒兩三透取起。一面拿甘草末蔽穀茴香末各一兩。沙糖三錢拌和平鋪鍋底。罩上燻架。拿筍攤在上面。鍋底用稻草燃燒。等到鍋中起濃烟。燻黃一面。拿筍翻轉再燻片時。就可取出。待冷收藏。

二一　燻素食

豆腐店裏的百叶腐干腐衣。以及麪筋蘿蔔。在臘月裏都可以燻的。平時燻來吃。一則嫌火氣。二則容易變味。拿二十張百叶。用熱水泡去泔水氣。拿好醬油三兩。加入沙糖花椒末麻油各一匙。用筷攪和。用小軟帚蘸着遍塗每張百叶的一面。拿來疊在一起。緊緊捲成圓筒形。用棉紗線密密繞住放飯鍋上蒸熟。拿來三四分厚的圓片。平攤燻架上。燻法和燻料同燻筍一樣的。燻好了。塗些砂仁末。這個叫做燻素鷄腿。也可叫牠燻素臟。豆腐衣二三十張。每張也用醬油沙糖花椒末麻油等厚塗疊起。用木板壓結實。切成二寸長的排塊。先行乾蒸一透。拿來同燻素鷄一樣。兩面燻成深黃色。取下塗上味精胡椒末少許。這個叫做燻鴨。豆腐干拿刀遍劃淺刀路。用醬油浸片時。拿來兩面燻透了。塗上薑屑麻油同食。白蘿蔔三斤。滌淨。不要刮皮。每個用刀向一面斜切三分闊半寸深的刀路。滾轉再切同樣的刀路。便成蓑衣頭蘿蔔。連絡不斷。用食鹽乾漬三天。取起挂南簷下四五日。等牠吹乾水分。拿來放燻架上。燻法燻料同前。燻到全體成深黃色。取下放瓦缽中。加入白糖酸醋。緊封缽口。隔兩日可吃。味帶甜酸。不喜吃酸的。多加糖少用醋。燻麵筋先批成薄片。平鋪盆底先行蒸熟。移攤燻架上。燻料同前。見濃烟上騰。預備一碗醬油白糖葱椒麻油混和的汁。拿小刷帚塗敷麪筋。塗滿一塊隨手翻轉。約塗兩回。取起麪筋不會燻焦。並且來得入味。

第七類　糟中菜

糟食品要用五香糟的。若然用糟坊裏的酒糟。糟了鷄鴨。只有酒味。毫無香味。多糟了幾日。連帶鮮味毫無。只有酒氣。上海的糟鷄肉。就會用普通酒糟所糟。鮮味被酒糟拔去哩。常熟有幾家糟鴨店。用的五香糟。都是自家製成的。用大酒香糟。加入大茴香、料皮、丁香、花椒、蔽穀茴香各等分。香糟也要配準分量。不宜多用。一同納入布袋裏。壓在熟鷄鴨上下。經過三四小時就可吃哩。這是暑天的糟法。當日糟來當日吃。味道自然鮮香好吃。一隔夜就覺糟氣太重了。還有每到年底。慣例家常要備糟鷄肉糟筍乾蘿蔔腐乾等。也要用大酒香糟。(上海槽坊裏的、只有蘇州槽坊家有得出售)拿五種香料加入拌和放入糟鉢中。拿熟鷄鴨或是熟素物。用一個布袋裝着。塞入糟鉢中。隔一兩日就可吃了。要知糟東西。不過得些香氣。食品早已煮熟。若用生東西糟一年都不會熟。何必多糟時候呢。

一　糟鷄

肥雞一隻。宰殺去淨毛血腸雜滌淨。放冷水鍋中水透雞背。用急火煑沸。撩去浮沫。篩下二兩黃酒。加蓋煑透。加入葱薑。改用文火煑兩透。加入鹽一匙。煑爛到筷頭戳得進雞肉中。取起入袋放糟鉢中。加蓋。在暑天五香糟用得多些。上面壓一塊石頭。放透風涼處。隔半日或一日就可吃哩。在寒天五香糟用得輕一點。拿雞切成四爿。裝在布袋裏。塞入糟中用石壓住。加蓋經兩日。隨時可以取食。煑雞的湯重行燒到將沸的時候。拿生的淡雞血。注入鍋中。用急火燒到沸透。用湯勺撩盡浮起的血沫。雞湯清到見底。可作調味湯用。

二　糟肉糟肚

買猪肉四斤。或用猪蹄。或用五花拿來拔盡遺留的猪毛。刮盡皮上的汚垢。要買薄皮沒有肉膻氣的。放冷水鍋中焯一透。用清水沖過。切成整塊。置鍋中加清水過肉面半寸許。葱兩根薑兩片用急火煮透。篩下黃酒四兩。煮透。加入鹽二兩。用文火煮燜到酥爛取起瀝乾裝袋。塞入五香糟鉢中。上面壓石一塊。加蓋。暑天隔半日。寒天經過兩日。隨時取食。猪肚收拾潔淨。用鹽酒清水煮爛了。也可以糟來吃的。

三 糟魚

糟魚越大越好。以青魚爲第一。其次大鯉魚大鰱魚也可用的。魚只有生糟風糟。雞鴨肉只有熟糟沒有生糟的。這是廚司相傳的法子。生糟青魚。用半斤或一斤。刮鱗遍塗五香糟。隔兩三小時。除去香糟。用水滌淨。切成半寸長的小塊。放一大碗冷水鍋中煮兩透。摻下少許食鹽。加入綫粉略煮盛起供食。這個就叫炊糟。風糟。先拿整條的大青魚十斤以外或鯉鰱等刮鱗破肚。挖去腸雜滌淨。切成幾段。用食鹽半斤花椒末三錢拌和遍擦魚身。兩面要擦透。放缸中。上面滿摻花椒鹽。注入黃酒一斤。用重石壓住。醃一兩星期。

拿起挂在南簷下風曝一月。以魚肉乾硬像木板爲度。那末拿五香糟每段遍塗。裝入甏中。上面鋪一層糟。篩下一斤好醬油。用竹箬紮沒甏口。蓋上小瓦盆。用濕泥封固。經過兩個月。方可開甏。隨時取出一段置碗中。盛一匙原汁汁注魚肉上。加白糖一大匙。放飯鍋上蒸兩回可吃。越蒸越入味。在伏天可以經久不變味。不過糟甏仍須封固蓋密。不蓋密要出蟲的。

四　糟鵝蛋　附糟鴨蛋

鵝蛋只有糟來吃最好。味道比糟鴨蛋好吃。糟法是一樣的。用生鵝蛋二十個。香糟二斤。食鹽一斤。一同拌和。厚敷在鵝蛋殼上。裝入小甏。先用竹箬封口。加蓋瓦盆。用濕泥塗封甏口。靜置三個月。啓封隨時拿一兩枚。洗去香糟。放碗中置飯鍋蒸熟。敲破一孔用筷頭撈食。味頗鮮味。一個鵝蛋。好抵四個鴨蛋的食料哪。

五　糟桂花乳腐

糟乳腐各地醬園中都有出售。大抵多鹹少鮮。只有自製桂花糟乳腐。味帶鮮香。好同紫陽觀裏的玫瑰醬乳腐比美。不過要在八九月裏有桂花的時候製的。買乳腐坯一作。豆腐店裏出售的。食鹽七斤。白酒釀糟十二斤。花椒末半兩。揀淨的桂花米一升。用鹹梅五只。放一碗裏。篩滿沸水待冷。拿桂花倒入。浸漬一夜。倒去鹹梅水瀝乾待用。拿瓦鉢一個。鉢底摻滿鹽同白糟。拿乳腐坯鋪滿一層。摻滿食鹽白糟花椒末桂花。再鋪一層再摻滿鹽糟椒桂。一齊裝好。上面把賸餘的鹽糟桂花一起倒入。用竹箬封固。或加鉢蓋。四圍厚紙封固。再塗溼泥。經過兩月或三月。就可取出。加些白糖拌食香美無比。

六　糟油

糟油在夏天用場很多。拿牠糟蝦糟肉吃。味道香美無比。可是酒店家的糟油。都是拿酸壞黃酒做成。殊少香味。只有在春天自製。用白酒腳五斤。糟坊裏買的、陳皮、川椒、丁香、山芳各一兩。好陳酒半杯。花椒食鹽各少許。冰糖三錢。拿酒腳放入鍋中。用急火燒到沸透。投入香料鹽酒糖。隨手倒入罎中。須用漏斗盛着。用竹箬紮沒罎口。用小瓦盆蓋密。拿濕泥塗封。經過兩個月。就可取用。或者分裝玻瓶。用木緊塞瓶口。否則隨時取用後。罎口仍須封固。一洩氣要變壞的。非但沒有香味。並且會要發酸的。

七　糟蝦

有熟糟生糟兩法。買清水裏的活水晶蝦一斤。若是熟糟。預備好糟油一杯。拿蝦放少許冷水鍋中加鹽一撮不要加蓋。燒牠一個沸透。見蝦殼發紅。用笊籬撈起。隔手拿頭殼帶芒剝去。放在碗裏。倒入糟油。用盆子蓋燜一回。使糟入蝦。那末倒合轉來。拿去碗就可供食。清香鮮美。那是夏天的妙品。生糟用活的大水晶蝦一斤。剪去蝦芒。滌淨瀝乾。納入布袋放五香糟缽兩小時。取出拌醬乳腐露生吃。味道頗鮮。或者不用香糟。就用半杯糟油。倒在生蝦碗裏。拿盆子蓋一刻兒。倒在盆子裏。蘸着醬油薑屑下酒。清鮮無比

八 糟五香蘿蔔

這樣菜是夏天的下酒物。要預先買去葉白蘿蔔十斤。個個要結實不空。滌淨泥垢。拿刀連皮豎切成四條。滿六寸長以外的。先橫切兩段。然後豎切。用鹽二斤。同蘿蔔拌醃入缸。用重石兩三塊壓在上面。經過四五日。蘿蔔中的辣水。全行壓出。那末取起。用針線一一穿起。挂在南簷底下。不要經着日晒雨落。經七八日。蘿蔔風乾發皺了。那末拿來用大酒香糟六斤。食鹽一斤。甘草末、花椒末、茴香末各一兩。先拿黃酒半斤拌溼蘿蔔乾。再拿香料香糟攪和拌上。裝入罎中。上面滿塞香糟香料。用竹箬封固。加蓋。再用溼泥塗封。

經過一個月可以隨時拿來下酒。味頗香美。糟五香豆腐乾。手續簡便得多哪。

第八類　爊中菜

爊和煨煑差不多的。也有紅爊清爊兩法。

一　清爊燕窩

燕窩比魚翅還要名貴。不過不耐火力。不能用和頭同煑的。這是燕子在江邊銜了小魚做成的窩。有毛燕窩光燕窩兩種。毛燕入藥。光燕入菜。都帶清補。所以價貴。買白淨光燕窩一兩。放碗中用熱水泡開。放亮處用小鐵箝箝淨毛和雜質。再用清水滌淨待用。雞汁湯半碗火肉湯半碗。一同先放瓦鍋中。燒一個透。用湯勺撩淨氽起的浮沫。那末加入燕窩。煑一透篩下好黃酒半兩。再煑一透。加少許食鹽。燜一回。就可起鍋供食。多煑只怕烊化。

二　清燉板鴨

板鴨就是壓扁的鹽鴨。南京板鴨頂肥。所以全國聞名。用板鴨一只。滌淨。全隻置砂鍋中加滿清水。用急火煑沸。用口吹去氽起的浮沫。拿鴨取出。放冷水浸透。再入鍋中再煑一透。再放冷水中浸透。約共三次。那末放原湯中。改用文火燉到肉發酥熟。不會裂皮走油。取起切塊供食。鴨湯頗鮮。加入百叶或豆腐煑食。味道頗肥美。

三　燉猪肺

猪肺有補肺止咳的功用。清燉來吃頗有益。買猪肺一個。懸挂在側豎的長凳橫檔上。拿酒壺盛清水灌入肺管中。以溢出爲度。一手緊揑肺管。用右手掌心向兩爿肺葉上輕拍幾十下。倒去白沫。再灌清水再拍。約五六次。肺葉發白淨了。那末解下。放腳盆中。加滿清水。用手指剝去肺葉上的薄膜。剪成半寸長的方塊。心同肺管剪成小塊。待用。備黃酒二兩。鹽一匙。葱一根。薑一片。竹筍一只。剝殼去老根切片。拿肺放砂鍋中加清水八分滿。煑一透加酒。兩透加和頭食鹽葱薑。改用文火。煑到酥熟。就可起鍋。蘸醬油吃。味頗清鮮。湯水宜淡。

四　爊猪腸

猪腸有潤腸健脾的效力。清爊來吃更好。買猪腸全付。拿大小腸用筷頭戳住一端。全體翻轉。用鹽搽擦。落手要輕。先拿大腸收拾乾淨裏外面的腸垢。再拿小腸逐條用鹽搽擦乾淨。用清水裏外洗滌多次。以沒有臭氣爲度。那末拿小腸一起納入大腸中。用手勒直。放葱薑冷水鍋中焯一透。再放清水中滌淨。那末放瓦鍋中。加清水八分滿。投入大茴香兩只。葱兩根薑兩片。燒一透。篩下黃酒四兩。再燒兩透。加下嫩筍片一碗。鹽一匙。燒燜到酥爛。撈起猪腸切成三分厚的薄片。放入鍋中。就可盛起供食了。不用筍或用油片也做和頭可以的。

五　鹽爊鮮

這是拿鹽肉同鮮猪肉和爊的。所以叫做鹽爊鮮。不過鹹肉莊上的鹹肉臭的多。要在大寒臘底。買鮮猪肉十幾斤。拿四斤食鹽半斤花椒末拌和。用手重重搽擦在肉的兩面。要搽到生肉出水。黏牢食鹽爲度。放缸中。上面滿鋪鹽椒。用重石壓醃兩三星期。取起最好塗些甜醬在肉上。挂在南簷下。風到二三月裏。黃筍上市的當兒。拿來斬下一斤鹽肉。買鮮猪肉一斤。嫩黃筍二斤。剝殼去老根。切成纏刀塊。拿鮮鹹肉切成排塊。放一升冷水鍋中焯一透。清水沖過。放入砂鍋中。加清水八分滿。葱一根薑一片。用急火煑透。篩下二兩黃酒。再煑一透。加入筍塊。改用文火。爊到酥熟。嚐過鹹淡。嫌淡加鹽一撮。不要先加鹽。因爲風肉是鹹的。早加鹽。嫌鹹無法救濟的。嫌淡。加鹽。臨吃還可蘸醬油。味道清鮮無比。若然沒有風肉。買兩段南腿腳椿斬斷。和鮮肉春筍同爊。味道也很鮮的。

六　白鯗爊肉

白鯗是海味店裏出售的。價值比鹹鯗魚昂貴。很有鮮味。用白鯗一條。用水滌過。刮去鱗切成排塊。猪五花肉一斤。刮去皮垢。切成排塊。放冷水鍋中以葱一根。焯一透。撈起用清水沖過。冬筍一斤。剝殼去老根。切成纏刀塊。拿魚肉筍放在瓦鍋裏。加葱薑及清水七分滿。用炭火燒到沸透。篩下四兩黃酒。再燒一透。加入二兩好醬油。爊到猪肉酥爛。就可供食。賸餘的留在瓦鍋中。等牠凝凍。就叫鯗凍肉。冷吃也好。還蒸來吃也好。味道很鮮。不過要在冷天煑備的。

第九類　醃拌中菜

醃拌是拿熟的東西。用醬酒麻油拌來吃。味道淸爽無比。

一　春筍拌雞

這樣菜是二三月裏的時新菜。用剝殼蒸熟的春筍兩只。用刀背碰扁。切成一寸長三分闊的薄片。熟的白雞一塊。不拘胸膛腿肉均可。也拿刀背碰一下。（用刀碰使雞肉發鬆、作料鑽入肉中）撕去皮骨。拿肉撕成三分闊的長條。用刀切成寸段。同筍片置碗中。加下一大匙好醬油。半小匙香麻油。用筷攪拌使和。就可供食。味道又香又鮮。不過要臨吃醃拌。一次吃了。賸下來就不好吃哩。

二　拌腰片

豬腰兩只。浸水中等牠發胖。剝去外面一層薄膜。拿刀批作兩爿。削淨中間的白筋。先在正面劃出二分闊的見方淺刀路。再批成一寸長的薄片。浸在四兩黃酒中隔三十分鐘。用手指捏出血水。放冷水中漂清。另用花椒一撮。放大碗中。注滿沸水。拿腰片投入浸三分鐘。撈起投沸水中泡到脫生。拿起瀝乾。放碗中加入三兩好醬油。半小匙麻油。少許黃酒。用筷拌和。就可供食。或用糟油同少許鹽醃拌。用碗蓋五分鐘。使糟油入味。吃起來更覺鮮嫩。

三　酒醃蟹

買活蟹五斤。要大小適均。大約每斤八只最合用。過大醃不熟。過小沒有肉。雌蟹勝於雄蟹。拿洗帚洗淨泥垢。放竹籮中半日。等牠腹中的水分噴沫乾了。拿來裝入緊口甏中。裝了一層約五六只。摻一層食鹽花椒薑屑。注一兩黃酒。再裝一層。再摻鹽酒薑屑。要恰巧裝滿甏。摻下鹽酒花椒薑屑醬油。先用竹箬紮住甏口。上蓋小瓦盆。外用濕泥塗封。靜置兩星期。大蟹須三星期方熟。啓封取出。撥開蟹殼。見雌蟹黃已凝固變黑色發明亮就可吃哩。不熟不妨再隔幾天吃。用的鹽酒要較準分量。大約一斤蟹。用好黃酒好醬油各四兩。鹽八錢。老薑屑一錢。花椒一大匙。蟹多一斤。作料照加一倍。也有不用醬油單用鹽。味道少鮮。老薑也有切片嵌入臍中醃的。

四　醃鹹蛋

醃鹹蛋是極容易的。不過要醃來個個膏油。這卻不易了。還有要使變黑黃而肥。也不容易的。還須在清明前醃蛋不空頭。清明後醃個個要空頭。要醃得膏油黑黃。全在配料。用鴨蛋一百個滌淨。不要碰破蛋殼。曬乾待用。細食鹽十兩。燒酒半斤。紅茶汁一杯。稻草灰三升。上年醃蛋罈裏脫落留存的醃蛋灰一升。一併放在石臼中。用木杵徐徐舂成厚漿糊狀。旁置緊口甏一個。拿蛋一一放石臼中滾滿鹽酒稻草灰。豎直砌甏中。砌了幾十個摻滿一層鹽酒灰。再砌再摻。等到裝滿。上面摻一層鹽酒灰。用竹箬紮沒甏口。再用濕泥塗封。靜置三個月。最快十個星期。方可取出滌淨。放冷水中煮透供食。個個膏油。都醃一個月個個變黑黃。味道頗鮮。

五 醃鹹鷄

醃鷄有帶毛出白兩法。這條說明出白醃法。帶毛醃法見下條。用大雄鷄一只。須在五斤以外。小鷄醃了沒有肉的。拿來宰殺出白。尾部剪一孔。挖出腸雜。用水滌淨瀝乾。備細鹽十兩。黃酒五兩。花椒小茴香各一錢。拿鹽先遍擦鷄肚。再搽擦外面。不要擦破鷄皮。要擦得透。拿花椒茴香塞一半鷄肚裏。拿鷄放平底缸中。篩下五兩黃酒。拿搽臍的鹽同香料。塗在鷄身上。上蓋乾淨荷葉一張。上壓重石。經過一個月取出。用繩繫腳。挂透風無日處風乾。須在十一月裏醃。以備到年煑來吃。臨吃取下。放一升淸水中煑燗到酥爛。取起切成排塊供食。比鮮鷄來得入味。煑醃鷄湯燒豆腐吃頗鮮。

六　醃風鷄

用肥鷄一隻約三斤上下。拿來宰殺瀝盡血。不要經水拔毛。剪開屎孔。挖出腸雜鷄燈食管。用鹽半斤。木炭三段。拿鹽入鍋炒熱。納入鷄肚中。用手指拿鹽粘住鷄腹。把燒紅木炭塞入密縫剪口。懸挂透風兩月。取下去毛破肚滌淨煑食。還有一種醃法。也不經水拔毛。用鹽十二兩花椒一錢拿鹽椒先搽鷄肚。再向鷄毛上撳緊逆搽。務使鹽味入鷄肉。那末拿鷄頭腳揑做一團。用草繩繞住。放缸中。用重石壓三四星期取出挂透風處。隨時可以拿來去毛煑食。帶毛醃較出白醃的。鷄肉發嫩些。不過都要在十一二月裏醃好。帶毛的風到三月裏。天氣漸熱。容易變壞。不及出白醃的可以經久。

七　醃臘肉

臘肉是用猪肉醃的。因爲一定要大寒臘月醃好了。那末挂在透風處到六七月吃都不變味的。所以叫做臘肉。買鮮猪腿一隻。約重十六七斤。用鐵簕簕盡遺留的猪毛。刮去皮垢。滌淨吹乾。用刀在腿的裏面豎劃幾條淺刀路。用食鹽三斤。黃酒二斤。花椒二兩。大茴香三隻。拿鹽椒茴香一併研細。加入白馬硝一錢。向上細細擦遍。要使鹽味深入肉中。那末用平底缸一只。先糝鹽一層。拿肉放入。上面鋪鹽一層。再拿花椒黃酒篩下。上蓋荷葉兩張。用巨石壓滿肉上。越重越好。壓一個月。取起。懸挂透風處吹乾。隨時可以用刀斬一塊。用水滌淨。切成排塊。或同鮮猪肉。或同春筍百叶清燉來吃。味道較火肉鮮嫩。不是臘月裏醃的。就容易變壞了。

八　醃風魚

風魚臘肉。是家常的美味。風魚也須在臘月大寒天氣醃好。那末風乾了。可以經久不壞。醃的魚只要有十斤以外的大魚。不論青魚、鰱魚、鯉魚、都可以用的。先拿來刮鱗破肚。挖去腸雜。滌淨吹乾切去頭尾先燒來吃。拿魚身切成兩爿。用鹽半斤。兩面搽擦。放平底缸中。篩下半斤光景黃酒。（魚大酒要多用）摻下鹽同花椒。上蓋荷葉。用重石壓住。不要露出魚肉。以防被猫偸食。經過三個或四個星期。取出挂日中晒乾懸透風處隨時可以割下一塊。或蒸或煑。味道很鮮。若然要糟風魚。法子見糟中菜類。不再說明了。

九　醃萬年青

這樣是拿上菜戟中間的一根嫩葉醃成的。（不是拿種盆景萬年青醃的）是蘇州出產的。在前清時代。運銷京津一帶。價值甚昂。自從清代滅亡。銷路大減。醃法頗易。味頗清鮮。在清明前菜戟上市的當兒。摘取中間一段嫩葉。不可以帶菜花的。單摘嫩頭。約重數斤。用淡鹽醃一夜。投入沸水鍋中。隨手用笊籬翻一個轉身。纔及脫生。用笊籬撈起。攤有眼竹篩中吹盡水氣。放炭火爐上焙乾。不可以烘黃顏色要同生菜相似。那末貯藏在洋鐵罐中。加蓋緊密。隨手取出少許。用好醬油麻油沖湯吃。味頗清鮮。

一〇　醃菜

莫道醃菜沒有鮮味。拿太湖邊上出產的雪裏紅。醃好了就拿來放燰鍋中煑湯吃。或同冬筍炒來吃。覺有鷄肉之味。等到隔春發酸變壞就不好吃了。還有大菜心吹乾切斷。同食鹽花椒茴香末乾醃裝甏。用稻草塞結。加蓋倒放。經過兩月。拿出來做粥菜。味道也很鮮的。買雪裏紅十斤。揀淨黃葉。放河水細細滌淨。拿來挂竹竿或繩上吹乾。取下放脚盆中。用鹽搽擦揉搦。十斤菜用鹽一斤。醃好入缸。用重石壓兩三星期。取出炒雙冬或煑湯吃。菜色碧青。味道頗鮮。本來菜類中只有雪裏紅同膠州白菜頂鮮。醃好的雪裏紅須移裝入罈。上面摻些鹽。用稻草圈緊緊塞結。罈口用竹箬兩層紮緊。倒置在瓦盆中。盆內滿盛清水。可以隔二三月不變壞。醃大菜心也是十斤菜心用一斤鹽。從大菜中挖出心來。滌淨晒乾。大菜另外用缸醃。拿菜心切成三分長。例如五斤菜心。用半斤食鹽。三錢花椒。二錢甘草末。一錢茴香屑。入鍋炒熟。取起同菜心放缸裏。搽擦揉搦遍了。拿福橘皮預先切細風乾。摻在菜心裏用重石壓醃兩星期。那末用幾個小甏。拿菜心裝八分滿。用木杵壓結。拿稻草圈塞蓋堅實。倒置在瓦盆裏。盆中加滿清水。置靜處隔兩星期。隨時可以取出供食。以外芥菜金花菜等都可用鹽同花椒醃的。芥菜醃熟仍放缸中。芥菜滷頗鮮。金花菜醃法同菜心一樣的。

一一　醃皮蛋

皮蛋是拿鴨蛋同作料醃成的。醃法大有高下。醃得好的味道鮮肥。蛋白上有花紋。

叫做松花皮蛋。醃得不好。蛋黃發硬。蛋白變黃。味帶辛辣。不好吃哩。這個全在作料配得合宜。皮蛋作裹的配料老司務是拿厚重工資的。配料要特別注意。用鴨蛋一百個。一一拿來對日光照看。若然蛋殼有裂痕。蛋黃有黑點或散黃。那是孵透蛋一律剔除。放清水盆中用竹鑤花拭淨殼上的汚垢。落手要輕。不要弄破蛋殼。滌淨吹乾待用。預備醃料。紅茶葉四兩。加清水適宜。煎成濃汁。用水量以拌料成厚漿糊狀爲度。如果茶湯嫌多。只好賸下。能够恰巧够用最好。塊石灰十兩。搗細。食鹽十兩。木炭灰四升。先用細眼竹篩篩淨粗屑。缺少用松花燒灰加足量準。鹼三兩。礱糠半升。拿鹽鹼石灰木炭灰放石臼中搗成細粉。拿濃茶汁徐徐加入攪拌。成厚漿糊狀。過濕過乾。皆非所宜。拿礱糠同罏放左邊。蛋放右邊。拿炭灰混合物合做一百個小團。一蛋一團。拿手指包粘均匀。只可用手指揑結實。不可以用掌心搓的。一起包粘好了。逐一拿來滿敷礱糠。裝入罏內。要豎砌以滿爲度。用竹箬封口。再用濕泥厚封。靜置室中。切不可搬移搖動。隔五六十日。就可取出。去泥剝殼。切塊用麻油蘸食。不食能放一年不壞。

二二　醃蝦米

蝦米是用海白蝦醃的。在四五月裏。海白蝦上市的當兒。價值比河蝦廉幾倍。所以都用海蝦不過要揀新鮮越大越好。小的晒乾了。沒有肉哩。買新鮮大海白蝦（不是龍蝦）十五斤。滌淨瀝乾。用鹽一斤八兩。黃酒二斤。清水七斤。拿清水同鹽入鍋煑沸。投入海蝦篩下黃酒。用鏟攪翻。燒煑兩透。拿蘆簾擱起在日光中。用勺撈起海蝦平攤在蘆簾上。日晒夜收。約晒四五日。只怕遇着陰雨天。日久沒有日光曝晒。只好用炭火烘乾。最好擇四月裏晴天焯醃晒到十分乾透。裝入布袋中。拿木棒敲擊六七下。倒入竹篩中。拿篩執在手中顛動。殼芒盡行落地。拿蝦米貯藏鉛罐或瓦缽中。隨時拿來當下酒物。或沖湯煑豆腐吃。味道頗鮮。

一三　醃馬蘭頭

馬蘭頭二斤。揀過滌淨。放冷水鍋中焯一透。取起瀝乾切成細屑擠乾。香豆腐四塊切成細屑。同馬蘭頭放一起。加鹽一撮拌和。臨吃加白糖麻油好醬油拌和。味道頗清香。

一四　醃筍醃茭白

春筍三只。剝殼去老根。放飯鍋上蒸熟。用冷水沖淨米屑。拿刀背碰扁。直切成三條。橫切成寸斷。置碗中加好醬油一匙。麻油白糖各少許拌和。味道頗鮮。不過加作料醃拌後要就吃的。經久要變味的。醃茭白的法子是一樣。剝殼去根。先行蒸熟。用清水浸過。拿刀背碰扁。（碰扁使作料入味）撕成粗絲。切成寸段。用醬油拌食。

第十類　醬鑾中菜

醬和鏖是兩種法子。醬菜全在甜麪醬製得好。鏖食品全在鏖鍋配得適當。那末不論葷素食品醬鏖熟了。味道一定香鮮無比。

一　造甜醬鹹醬

甜醬是醬食品和炒來吃的。鹹醬是製醬油的。都是用豆和麪粉製就。不過甜醬用鹽少。鹹醬用鹽加多四倍。不過要有滿晒日光的場地。方可造醬。造甜醬。用蠶豆三升。（黃豆也可用的）浸淸水中一夜。剝去皮。放冷水鍋中煮爛。連湯取起置敞口缸中。加入麪粉五升。用手攪拌搦和。做成五分厚二寸闊三寸長的醬黃糕。上蒸隔水蒸熟。平攤匾內。上面蓋少許稻草。擱置暗濕不透風的空屋中。約十幾天。見滿生黃色霉菌方可取出。造醬一定要在黃梅天氣。否則不會生霉菌的。一面用粗鹽一斤。淸水一桶。一同下鍋煮沸。拿勺盛在桶中。倒入放在露天的醬缸中。先晒五六日。拿醬黃糕倒入日晒夜露。遇下雨須用醬黃蓋蓋沒。莫使雨點落入。晒到醬黃糕酥爛。每天淸晨用竹爬打攪使和。幷研細粗屑。苟有小蛆蟲生出。用手揀去。晒攪到醬發咖啡色。方爲成熟。可用嫩的生薑生瓜。洗滌刮淨。用針戳眼。放日光中晒一日。投入醬中。經過三日。就可取起帶醬捲嫩百叶吃味道很好。醬過瓜薑。拿醬入甏貯藏。用夏布紮住甏口。上加瓦盆。隨時取用。

鹹醬造法。用黃豆一斗。陶淨置鍋中。加淸水透過豆二寸。用火煑爛。帶汁取起放缸中。加入乾麪粉七斤。用手攪拌搦和。隨手撈起平攤竹匾內。每塊像手掌大小。式樣聽便。上蓋稻草一薄層。放不通空氣陽光的潮濕空屋中。隔兩天發熱。移放有風處所約五六日。滿起黃色霉菌待用。一面預先拿五斤。加淸水二十斤。同放鍋中。用火煑沸。取起。倒入深口醬缸中。曬五六日。那末拿醬黃倒入。曬到糜爛。每晨用竹爬攪打到發咖啡色。方告成熟。那末拿竹籮漫夏布的收醬油籠。置醬缸中。籠中放重石一塊。使空籠沈底。隔一日籠中收入醬油。拿銅勺盛起置甏中。放日光中晒到發深紅色。味道發鮮。方可用夏布紮口加蓋放南簷下。隨時取用。第一次收出的醬油頂鮮。再用五斤鹽二十斤清水煮沸。取起竹籠。加入醬缸中再晒再攪打一星期。再放下竹籠。如前法收取醬油。先後可以加鹽三次。收取醬油三回。賸下的鹹醬坯。可以醬蘿蔔。不醬蘿蔔。拿來塗在醃好的鹹猪腿上。可以經久不生蛆。塗醬的猪腿拿來滌淨同春筍爊來吃。顏色同味道。和南腿差不多的。

二　甜醬瓜

買小生瓜二斤。拿來滌淨。不到寸半長的小嫩瓜。可以帶子醬。只要切去瓜蒂。拿針頭戳許多小眼。滿二寸長以外的去蒂剖成兩爿刮淨子瓤。用針頭每爿戳十幾個小眼。一起置瓦缽中。摻上一匙鹽。顛簸使和。醃漬半日。瓜中的水分全行洩出。取起用淨白布揩淨鹽水。放日光中晒一小時。等太陽西落。甜醬涼透。拿瓜塞入醬缸中隔三四日就可取起供食。取時用筷勒去甜醬。缸中不能多醬瓜或生薑。最多二斤。醬熟後銷食過半。亦可再拿生瓜如前法加入。若用蜜色嫩生薑去梗一斤。用水滌淨。拿方頭竹筷刮去外皮。每塊用針頭戳十幾個小眼。放大碗中摻上少許鹽花簸和。醃一小時。等牠辣水洩出。取起用白布揩淨鹽水。放日光中晒一小時。等到傍晚時投入醬缸中。醬五六日可吃。要到醬熟將要貯藏時。方可醬瓜薑。最多醬三回。拿醬入甏貯藏。賸餘的瓜薑。放在醬裏。一併貯藏。永久不壞。

三　醬玫瑰乳腐

普通醬乳腐。及不上玫瑰醬乳腐的味道香美。製法用乳腐坯一百塊。要怎樣大小。可以隔日向豆腐店裏定做的。拿回來用鹽四斤。醃在平底缸裏。一層腐坯。滿鋪鹽一層。蓋面多用些鹽。用荷葉遮面。上用木板壓結實。板上放兩方小石塊。重石只怕壓扁腐坯。單壓木板猶嫌太輕。加幾塊小石頭。恰好壓堅實。不致壓爛。經過兩星期取出。整備酒釀露二斤。陳酒半斤。細紅粬半斤。黃子半斤一起放瓦缽裏攪和。拿起腐坯鋪一層罎底澆一層酒釀露混合汁。逐層砌好。拿酒釀露混合汁一齊澆下。以滿罎爲止。用竹箬紮口。上蓋瓦盆。用濕泥塗封。靜置室中一月。預備二十個乳腐缽二十份竹箬夏布蔴線。六十朵玫瑰花。那末拿封泥剝去啓罎。拿竹筷箝出已熟的乳腐五塊。裝在一個缽裏。拿湯勺盛取乳腐露加入缽中約七分。上蓋三朵玫瑰花。露須透過花蒂。先用竹箬蓋口。外罩粗白夏布用蔴線緊緊束住。外面護封一層厚紙。二十缽照樣裝齊。恰巧乳腐玫瑰花同露沒有餘賸。經過兩星期。就可取出供食。玫瑰香撲鼻。好吃無比。所當注意的竹箬夏布要剪成圓形。比缽口周圍寬大三分。若然不分裝小缽。拿玫瑰花一起加入大罎中。有兩種妨礙。一則隨時開罎取食玫瑰容易洩氣。二則砌醃不甚便利。還是分裝小缽。既可分送親友。自己吃了一缽。再啓一缽。玫瑰香不會走洩。紫陽觀中的玫瑰乳腐。也是這樣製法的。

四　醬辣茄

紅熟辣茄二斤。拿來囫圇用水滌淨吹乾。抽去醬油的鹹醬瓣一鉢。醬油一鉢。拿辣茄先放醬瓣中拌和壓緊。隔一星期取出。浸入小口的醬油鉢內。用竹箬紮口。加蓋瓦盆。隨時取食。經久不壞。

五 玫瑰醬

玫瑰醬不用醬製。是用白糖鹹梅製成。現在上等酒席上。都用牠做冷盆。甜香酸三味俱全。拿牠夾麪包吃。味頗適口。用玫瑰花二百朵。摘去白色瓣尖黃心。花蒂留着。用鹹梅子十只。放大碗中。篩滿沸水。用盆蓋住。等到水冷去盆。撩出鹹梅。剝下梅肉待用。拿玫瑰花分幾次浸在鹹梅湯中撩起。摘除花蒂。放石臼中搗爛。加入潔白糖二斤。并剝下的鹹梅肉再行搗和。貯藏玻璃瓶中。用木塞塞緊。再用一小方漆布紮沒瓶塞。經過兩星期可食。貯藏經久不會變色洩香氣。不過要酸梅水冷透後將花浸入。不冷透浸入。花色要變的。

六　梅醬

梅醬是拿黃熟梅子同白糖製成的。夏天出售的酸梅湯就是拿梅醬做成的。若然做就六七塊洋錮梅醬。做成酸梅湯出售。可以變三四百元。做小生意的大可效法。製法。五月裏的黃熟梅子二斤白糖二磅。要牠甜。糖加重。鹽一撮。桂花醬一兩。這是香料。不用也可以的。拿梅子放石缽中。加一撮鹽。用木杵舂爛。揀去皮核。放日光中晒兩天。那末同白糖放在大碗中。用盆蓋密。放飯鍋上蒸兩回。(或者放鍋中用文火攪抄十分鐘)加入桂花醬拌和。貯藏瓶缽中。加蓋緊密。隨時取食。經久不壞。

七　桂花醬

揀淨去蒂的桂花米一升。鹹梅六只。潔白糖一斤。鹽一撮。先拿鹽泡水。桂花放入浸片時取起瀝乾。再拿鹹梅放一大碗沸水中浸到水冷透。撩起鹹梅拿桂花浸入。隔半日撩起擠乾。放瓦缽中。加入白糖同去核的鹹梅。用木杵充分拌和。收藏有蓋磁碗中。隨時取用。經久不變色。還可拿木杵舂爛。納入各式花紋的木印板裏。翻轉拍出放入老油紙上。包好。收藏石灰甏中。經過一月變硬。這是眞正桂花糖。入口香留齒頰。每個做成象棋子大小。好吃無比。

八　花紅醬蘋果醬

花紅醬的製法。用熟花紅半斤。潔白糖半斤。藕粉少許。花紅果露一杯。桂花醬一匙。臨製時拿熟花紅每只先剝去皮。切成細屑。揀去子梗。一面拿糖和果露入鍋。用文火煑烊。加入花紅。再煑數透。用木杵就鍋中研爛。加入少許藕粉攪和。起鍋時加些桂花醬。乘熱吃頗香美。貯藏不能過久。蘋果醬的製法配料。同花紅醬是一樣的。

九　枇杷醬桃醬

這兩樣的果子醬製法是一樣的。用熟枇杷四斤。愈大愈好。拿來剝皮去核。放在大碗裏。加入白糖一斤。用厚紙封蓋碗面。放蒸架上燒三四透。燜一回。再燒兩透取出。用木杵就碗中研成醬。收藏有蓋磁鉢中。隨時取食。還有放飯鍋上蒸熟取出。不研爛收藏。隨時取出。加清水和白糖下鍋。煮枇杷絡吃。桃子醬用熟透的紅沙桃。或是六月白三斤。水蜜桃價值太昂。犯不着製醬的。先拿來削皮去核。同十二兩白糖放碗中。用厚紙封蓋碗面。放蒸架上煮到桃肉酥爛。取出。用木杵就碗中研成醬。貯藏有蓋磁鉢中隨時取食。

一〇　山查醬

山查又叫紅菓。酸味和青梅相同。製醬用山查二斤。浸清水中一小時。滌淨瀝乾。拿細眼小竹篩一只。擱在大湯盆上面。拿山查一一向篩上磨擦到沒有。漿汁盡在湯盆中。其色如血。拿來倒在鍋中。加入白糖二斤。用文火煮幾透。不絕用竹筷攪抄到漿糊狀。就可盛起。貯藏有蓋磁鉢中。隨時取食。若然要製山查糕。加藕粉一匙。充分攪和。見成厚漿糊狀。就可取起。倒在預備的製糖板上。上鋪厚油紙。四邊壓活絡木框四根。山查汁不會外洩。靜置一日夜。等牠凝結成軟膏狀。用刀切成長方塊。收藏有蓋磁盆中。味帶甜酸。可夾烘麪包吃。製時藕粉不可多用。粉多查糕要發硬的。

還有別種菓子醬製法大抵差不多的。不再說明了。

一一　醬鷄鴨肉

醬食品以素物爲主。葷食品拿醬煮成的。簡直沒有的。就是醬猪肉醬鷄鴨。大抵用鹽醃就塗些醬瓣。猪蹄浸醬油中浸透風乾煑食。這些法子。上文煑中菜。醃中菜二類中早已說明過哩。祇有醬鷄鴨的法子。現在寫出來。拿宰殺出白的鷄鴨各一隻。（隻數多作料照加）用半斤鹽一錢花椒混和。分半擦敷在鷄鴨肚腹中。只可尾部開一小孔。不可以破肚的。擦透後置缸中加入醬油一斤。黃酒四兩。花椒一撮。上蓋乾荷葉兩張。用巨石塊壓住。經過半月取起。鷄鴨肚裏各塞二寸長的劈開毛竹一段。頭上縛繩。懸挂透風處半月。隨時取下清爊來吃。味頗鮮。

一二　鹵鷄

鹵食品要算常熟頂著名。尤其是鹵鷄。味道香鮮。遠勝於紅燒鷄同白斬鷄。鹵法。是用半熟的白鷄。投入鹵鍋中。用文火徐徐煑到酥爛入味。取出斬成排塊當下酒物。人人愛吃。鹵鍋有油鍋水鍋的區別。油鍋是用素油、黃酒、鹵料皮、大茴香食鹽等配準分量。一起放深口沙鍋中。用文火煑數沸。那末放鷄下鍋蠶熟。鷄越鑿得多。蠶鍋中越鮮。水鍋是用清水、黃酒、鑿料皮大茴香食鹽等配煑成功的。水鍋裏鑿的食品。格外鮮嫩。不過比較油鍋難配。因爲水酒混合在夏天容易變壞。不及油鍋經久。所以燒熟店都用油鍋。酒菜館裏都用水鍋。鑿的東西除鷄和甲魚外。一切野味。如山鳥野鷄野兔野鴨。都可以先煑半熟。投入鑿鍋中煑到酥爛取起。五香豆腐乾也可以鑿。拿來做鑿鷄襯底用的。

第十一類　中國點心

中國點心。名目繁多。大別之。有甜鹹乾濕等區別。茶食店裏都是乾點心。點心店裏和自製的。都是濕點心。點心要熱吃的居多。

一　炒山藥糕

山藥糕。酒席上都用牠當甜點心的。自製很易。用山藥二斤。白糖十二兩。生板油四兩。撕去外膜。切成骰子塊。用糖拌漬待用。桂花醬一小杯。拿山藥滌淨。放少許冷水中煮爛到酥爛取起瀝乾。放瓦缽中用木杵研爛。一面拿生板油投入熱鍋中。用鏟攪抄到發明亮。撩起待用。拿山藥同白糖倒入油鍋中。用鏟急急攤抄均勻。加入板油。抄到板油熔化過半。起鍋置盆中。加入桂花醬乘熱吃又肥又香又甜。味道比茶食店裏的桂花猪油糕。還要好吃。還有一種製法。拿山藥煮酥研爛。加白糖拌和。（大約一斤山藥用白糖六兩。喜吃椒鹽的。加食鹽一茶匙攪和）分裝小碗中。碗底先放切成骰子塊用糖醃過一夜的生板油六七塊。桂花醬一茶匙。那末拿山藥加入。放蒸架上。加蓋隔水燒煮三四透。燜一回。再燒一透。就可取起。拿磁盆蓋上碗面。倒置轉來。拿開碗。山藥糕在盆子裏。乘熱用筷拌和吃。只要蒸來熟透。生板油烊化。味道和炒的一樣。

二　豌兒棗糕

這樣點心是拿黑棗肉同糯米粉白糖蒸熟的。相傳是唐武則天時候的宮女上官婉兒所發明。所以叫做婉兒棗糕。用大黑棗半斤。糯米粉二升。赤砂糖半斤。用半碗沸水熔解。除去碗底的砂屑待用。拿棗子同少許清水入鍋。燒牠一透。燜一回。見湯乾盛起。剝盡棗皮。放瓦鉢中。用杵研爛。揀去棗核。同糯米粉糖漿拌和。搦凝勻分二十多份。搓成圓形。用指頭揑空中。加入(預先用赤豆煑爛同黃糖炒成的豆沙。並加桂花醬一杯拌和)豆沙一小匙。糖漬板油兩小塊。(像骰子大小)拿粉揑合。撳入棗糕印板中。(印板小木作裏有得出售的。刻就各式花紋)一板印三個。隨手翻轉拍出做圓坯須依照印板大小。或者先搓一團撳入印板試過大小。然後依樣搓成印板裝過一次要摻些兒乾小粉。再裝印方不粘住。一起做好了平鋪蒸糕架中架底先襯豆腐衣一張。以防蒸熟粘住。放蒸鍋上。燒牠幾透。燜一回。再燒兩三透。等到熟透取出乘熱吃。味頗甜香。

三　玫瑰猪油糕

茶食店裏的玫瑰猪油糕。全用糯米不雜粳米。粉極柔軟。不能上蒸架。只可放水中煑熟。製法。和年糕不同的。用極細的糯米粉一斗。乾玫瑰花一百朵。（要開花時預先收藏。）白糖三斤。生板油一斤用水滌淨浸片時。撕去外膜吹乾。切成骰子塊。用白糖拌醃一夜待用。拿糯米粉放缸中。加沸水泡成的洋紅水適宜拌搦凝固。水少加爲妙。拌時嫌乾。再用茶杯加半杯再拌。揉搦成湯糰粉坯相似。拿來分做幾小團。每團像醋鉢大小。四圍搓凝。投入冷水鍋中。用樹柴火煑到脫生發明成熟。先取起一團。放乾淨作松板上。手上包着浸過冷沸水的白布。拿粉團撳扁。看中間全體發明。沒有生粉了。那末一起撈起。瀝乾水氣放板上。拿玫瑰花瓣和白糖猪油。有幾團分作幾份。每一團中揉和一份。或者併合一起搦成長條。用刀分切若干段。同茶食店裏的玫瑰猪油糕相似。放透風處吹乾水氣。貯藏透風的食櫥或竹籃中。隨時拿來切成薄片。平鋪盆底。放蒸架上蒸煑到猪油烊化。取起乘熱吃。甜肥無比。因爲是生猪油。一定要蒸熟方可供食。還有桂花猪油糕製法是一樣的。不過搦粉不用洋紅水。改用煮黑棗湯。一斗粉。用黑棗一斤。用冷水滌淨。放少許清水鍋中煮爛。撈起棗子剝皮去核。用桂花醬一碗。糖醃生板油一斤。切成小塊。拿粉拌搦凝固。放冷水鍋中煮熟取起。瀝乾水分。放乾檯板上。加入猪油白糖搦和。摻上棗肉和桂花醬。用手撳粘吹乾。切成塊。隨時拿來蒸熟供食。

四　糖年糕

糖年糕。是新年必要的食品。自製頗易。預備一隻蒸糕的蒸架。用粳米一斗。糯米一斗。入水淘清。平攤大匾中晒乾。磨成細粉。用糖可多可少。大約二斗米。用五斤糖。黃糖白糖各半。并備糖醃小塊板油一碗。棗子肉、瓜子肉，紅綠絲各一杯。這是蒸西施糕用的。另用赤豆一升。淘淨。放鍋中加冷水一升煮三四透。燜一回再煮兩透。燜一夜。撈起豆湯拌粉。加入黃糖赤豆拌和。用半爿大蚌殼灑鬆。舂入蒸糕蒸中。約七分滿。置滿放沸水的鍋上。加蓋緊密。鍋口周圍。護以溼粗草紙。用樹柴旺火煮到蒸面糕色脫生溼潤成熟糕狀。蒸糕大有快慢之別。如果蒸架底蓋護得一滴不洩氣。不消半小時就熟哩。如果漏氣。燒一小時還怕不熟哩。豆糕蒸熟倒置透風處待冷切塊。蒸黃白年糕。用黃糖同冷沸水拌粉。用蚌殼搜鬆畚入糕蒸。如前樣置鍋上蒸熟。取下倒敞口缸中。手上用溼白布包着。拿糕揉搦使凝。撈起放檯板上。分作若干份。每份撳扁成半尺闊二尺長半寸厚的黃年糕。白糖拌粉。蒸熟撳扁的便是白年糕。摻上少許糖醃桂花。待冷切成小塊隨時拿來蒸食。西施糕用白糖拌粉。加入一碗糖醃板油塊。臍下十分之三同棗肉瓜子肉。紅綠絲一同摻在糕面上。蒸熟倒在竹篩裏。隨手拿竹篩倒置板上。猪油棗肉等在上面了。待冷切成小方塊蒸食。這都是新年中的家常點心。

五　寧波年糕

這樣糕。發明於寧波。現在各地都有了。各處的年糕都是甜的。惟有寧波年糕是淡的。用各種葷素菜。同鷄湯或鹽湯煮來吃。類似麥麵條。嗜好杯中物不喜吃甜食的人。都喜吃這年糕的。製法、用粳米一斗淘淨吹乾。磨成粉。放糕蒸中蒸熟。倒在乾淨石臼裏用有柄橫木杵舂翻倒十分柔凝。分搓成若干長條。再擻成八分闊寸半長三分厚的均勻條子。疊置吹乾水氣。隨時拿來切成薄片。用肉絲炒來吃。或同鹹菜或鷄肉片。加水煮來吃。頗鮮。而且浸在冷水缸裏隔兩禮拜換一回水。可以放到四五月裏。不會變壞的。

六　春餅（又叫春捲）

這樣是正二月的點心。拿麵粉二斤。眞粉四兩。放瓦缸中。加白酒脚一杯。碱水少許冷水一升。用木杵攪打到十分柔凝。成厚漿糊狀。旁置旺炭爐上放平底煎鍋一隻。預先用水洗淨。鍋底不能有黑氣。拿右手五指抓一把麵粉。向鍋底上懸空一轉。排成一張極薄圓形的春捲。約摸五寸盆大小。攤過一張拿開。第二張鍋底上有痕跡。攤來同樣大小。張張如是。粉糊儘可臍下。後日再攤。攤好的春捲做春餅吃。預先拿猪肉絲海參絲嫩筍絲紅煨熟了。加入大蒜葉細絲。每張春捲中包裹一筷頭海參炒肉絲。要直長擺平。拿春捲放沸油鍋中。煎到兩面黃。取起。每條切成兩段。蘸醬麻油熱吃。味道頗鮮。若然不動油鍋。拿一疊春捲放蒸架上蒸熟。海參炒肉絲也要蒸熟。每張包一筷頭海參炒肉絲。蘸些汁熱吃。味道頗鮮肥。

七　燒賣

這樣點心是拿猪肉同春筍斬成肉醬。裹着麪粉皮子形如海棠糕式。面是不包沒的。蒸熟蘸醬油吃頗鮮。用猪肉一斤滌淨去皮先橫批成薄片。再切成細屑。用春筍兩只剝殼去老根。切成細屑同肉屑一起斬爛。加一撮鹽。一大匙黃酒拌和待用。拿麪粉一升。

加一杯冷水。拌搦凝固。搓成圓形長條。摘斷成幾十個小塊。用小木竿約半尺長研成圓形麪衣。越薄越好。約同小碗口大小。每張平鋪板上。用筷頭撈取肉醬置中間。拿手指把麪衣邊揑籠成平底長圓形。下細上粗。這就叫燒賣。砌蒸架中。置鍋上隔水蒸熟。移置磁盆中。備一碟醬麻油酸醋薑絲各一碟。乘熱蘸食。味道頗鮮。

八　油兜

這樣是春天的點心。餡分甜鹹兩種。甜餡用野菜拌白糖。鹹餡是肉醬。外面包的是糯米粉。用糯米三升。淘淸放淸水中浸一夜。取起不要瀝乾。帶水放石磨中磨粉。缺口處盛一布袋。拿粉一起納入布袋中。用繩結住袋口。置長凳上。上壓重石。壓乾水分。取出搦凝。便成水磨粉。性糯而鬆。遠勝乾粉。一面用猪肉一斤。滌淨去皮斬成肉醬。加少許食鹽黃酒葱屑砂仁末拌和置碗中作鹹餡。用野菜一斤。揀淨洗淸。斬細。擠乾置碗中加白糖二兩拌和作甜餡。拿水磨粉先捏成長圓形的坯子。用手指捏空中間。拿筷頭撈少許肉餡或野菜餡。置中間。拿粉坯捏成葫蘆形。甜的捏出一些尖頂以作記號。一面拿素油一斤。倒入平底淺口煎鍋中。拿油兜砌入。各個懸空。不放牠粘連。用旺火把油煮沸。煎到油兜全體發黃發鬆。就可盛在碟子裏供食。不過要熱吃。冷了就不好吃哩。

九　湯糰煎糰

湯糰是拿水磨糯米搓成。分肉餡豆沙餡兩種。糯米五升。如前法浸水磨粉壓乾。用猪肉一斤。如前法斬成肉醬待用。赤豆二升。淘淨。放清水中浸一夜。同一升清水下鍋。煮爛到酥爛。盛在布袋裏瀝乾水分。放熱鍋中。用文火煮抄。先用木杵連豆衣研爛。加入白糖一斤。用鑊攪抄成豆沙。喜吃甜的。糖可多用。盛在碗裏。拿水磨粉先均分幾十個坯子。逐個拿來搓圓捏空。用湯匙撈入肉餡或豆沙餡。捏攏搓圓。投入沸水鍋中。煮到糰子熟透氽起。方可盛在碗裏供食。這個就是湯糰拿煮熟的湯糰放光滑漆板上吹乾水氣。放熱油鍋中煎黃。就是煎糰。還有七月十五日。民間祭祖用的俗稱茄餅。並不是用茄子做的。就是拿湯糰放少油煎鍋中煎一透。翻轉再煎。便成扁形。取起祭祖供食。這是各地的習慣。也有地方不用的。

一〇　饅頭

饅頭、又叫饅首。用麪粉做成。中間的餡。約有七八種。拿麪粉五升。加白酒腳拌搦凝固。白酒腳一碗。加清水兩碗。一同放鍋中煮透盛起。倒入麪粉中拌和。靜置等牠性來。洒下碱水。搓搦成長條。再均勻摘分坯子。每個約摸四分圍圓。蒸後發酵脹大。這是鬆酵饅頭。還有緊酵饅頭。單用熱水拌粉。皮子揑得薄。用蝦肉猪肉斬爛。加些鹽酒。作餡。饅頭做得小些。放小蒸籠上蒸熟。夾着薑絲醬麻油熱吃。味頗鮮美。做鹹餡的原料。用猪肉二斤。

生板油四兩去皮滌淨。加入鹽酒葱屑砂仁末斬成肉醬置碗中。這是普通肉餡。還有加拆好的蟹粉一飯碗。或用擠出的蝦肉一碗加入。添注些黃酒同肉餡拌和。拿坯子揑空中間。拿筷頭撈肉餡包入。皮子薄肉餡多。纔好吃。甜餡。用赤豆一升。如前法同白糖炒成豆沙。生板油半斤。滌淨撕去薄膜。切成骰子塊。用白糖拌醃這是做猪油餡。並和入豆沙中用的。拿胡桃肉六兩。黑棗肉六兩。一併斬細。加入二兩白糖拌和。這是做百菓心的。做法同肉餡一樣。做好了拿來平放在蒸籠裏。各個要四面懸空。蒸時好讓各個饅首徐徐發酵脹大。百菓心的。皮子上要揑直橫紋。蒸熟後加蓋紅方印。放在碟子裏供食甜鹹餡纔有區別。

二　湯包

湯包就是小饅頭。從前都是用鬆酵做的。皮子厚肉餡少。少鮮味。現成都用緊酵做成。皮子薄得和餛飩差不多。肉餡多。格外好吃。用小籠蒸便利。若用大蒸籠。要用松毛襯底。否則蒸熟取出。皮子要被蒸底粘住揭碎的。緊酵饅頭做得比湯包大一半。投入熱油鍋中氽黃了。乘熱吃味道鮮美可口。

一二　各色湯麪

湯麪種類有十多樣。隨澆頭而定名。麪是用麪粉製成。從前都用人力打搊。現成大麪館裏改用機器。生麪店裏也有機器麪出售。來得勻細。遠勝於人打麪。家常買機器麪煮來吃好哩。澆頭如下。

蝦腰麪　拿水晶蝦擠出的蝦肉。同除淨筋膜的猪腰薄片。一併投入熱油鍋中。加葱薑攪抄三四下。篩下黃酒。隨手加蓋。霎時去蓋。加下好醬油白糖。攪抄到脫生。就可鏟起。連汁鋪麪上。麪放沸水中煮熟。用熟鷄湯中一碗。或者清湯。拿麪放熱水中過淨碱氣。

置湯中。加入蝦仁腰片。味道鮮美無比。

蝦仁麪　拿擠出的蝦肉。先投入沸油鍋中。加醬油酒葱屑並少許嫩筍小塊炒熟。鋪在煑熟的麪上。麪湯頂好用鷄湯。或者清湯也可以的。還有鹹菜蝦仁麪。是用少許鹹菜梗同蝦仁炒熟做澆頭的。不過要在冬天吃。用新鹹的雪裏紅纔有鮮味。等到春天隔年鹹菜。難免不發酸變味。拿來做麪澆頭。鮮味減少。不如單用蝦仁好吃。

大鷄麪　拿熟的火肉片白鷄片各四五片做澆頭。麪湯一定要白鷄湯。拿麪放沸水鍋中煑熟用笊籬撈起用冷水沖過。再放沸水中浸熱。置熱湯中。加上澆頭供食。

鱔絲麪　鱔絲麪宜乾拌來吃。拿活鱔破肚去血。放冷水鍋中焯透。取起瀝乾。摘去頭。用蚌壳劃成三長條。除去背骨。投入沸油鍋中爆透。再用醬油黃酒葱薑一同入鍋。燒牠兩三透撈起。鱔絲宜乾置盆中。湯汁另置碗中。拿麪投沸水中落熟。在暑天宜用冷沸水沖過瀝乾置碗中。加入鱔汁並麻油拌和。供食頗鮮。在春天把麪落熟用冷水沖過。再放沸水中浸熟。置碗中加鱔滷麻油拌食。

爆魚麪　爆魚是用大青魚刮鱗破肚。挖去腸雜。切去頭尾。用水滌淨。切成二寸長一寸闊三分厚的薄片。用鹽酒浸漬半日。撈起瀝乾。投入沸油鍋中爆透撈起。再放另一只鍋中加醬油黃酒葱薑白糖等。燒煑入味。撈起爆魚直乾放竹籃中。掛透風處。可隔多日不變味。汁水盛瓦鉢中。拿來沖麪湯。把麪落熟沖過。放魚汁湯中。上鋪爆魚兩片。加些切細大蒜葉同胡椒末。吃起來頗有鮮味。

燜肉麪　拿猪的蹄胖或是五花肉。拔毛刮垢。放清水鍋。加葱兩根燒牠一透。取起用冷水沖過。整塊放在燜鍋中。加清水燒一透。篩下黃酒葱薑再燒兩透。加入醬油白糖煑燜半日。鍋蓋須封固不洩氣。容易煑到十分酥爛。取起乾放。肉汁沖麪湯用。拿肉切成薄片。把麪如前法落熟置湯中。加入燜肉同大蒜葉。味道頗鮮美。

小肉麪　拿猪肉滌淨。切成丁子塊。放冷水鍋中焯一透。取起用水沖過。同葱薑放少許冷水鍋中煮透。篩下黃酒煮沸。加入鹽同醬油。改用文火。煮燜到酥爛。加入白糖調味。若嫌顏色淡切不可用紅糖。當加入黃糖和素油炒成的顏色一匙。煮沸抄和。用湯勺盛取半勺。鋪在落好的麪碗上。喜吃精肉的。挖鍋底的瘦肉。喜吃肥的。取氽在上面的肥肉。加些大蒜葉胡椒末熱吃頗鮮。

紅雞麪　拿肥雞宰殺出白滌淨。生切成均勻的排塊。放少許冷水鍋中。用急火煮一透。加黃酒大茴香葱薑。再煮一透。加醬油。改用文火。煮燜到酥爛。加入白糖。煮到糖熔汁厚連汁取起放瓦鉢中。拿麪如前法落熟。預先拿雞汁同沸水沖湯一碗。把麪投入。鋪上四五塊紅燒雞。加些大蒜葉胡椒末供食。味道頗鮮。

滷鴨麪　拿活肥鴨宰殺出白。囫圇放冷水鍋中加葱焯牠一透。連水取起。用冷水沖過。拿鴨放燜鍋中。加水少許。並葱薑大茴香用急火燒煮一透。篩下黃酒。再燒一透。加醬油。改用文火。煮燜到酥爛。加入一匙顏色和白糖調味。煮到糖熔汁厚就可起鍋。這是滷鴨。斬一爿胸膛。切成狹塊。鋪在落熟的湯麪上面。湯水就用鴨滷沖成味。頗鮮。

肉絲麪　拿猪肉或是牛肉去皮滌淨。切成細絲。投入沸油鍋中爆炒到脫生。投入葱薑拿黃酒向鍋底四邊篩下（一斤肉用二兩酒）加蓋煮去蓋。加入醬油和頭（嫩筍絲茭白絲或是膠菜絲）清水。改用文火煮燜到酥爛。加入白糖調味。嫌淡加一撮鹽。煮到糖熔汁厚。盛起做澆頭。用湯匙盛兩匙鋪在落熟的麪上。麪湯宜肉絲汁沖成。頗鮮。

湯麪　這是用粗麪落熟。放在醬油湯中。拿少許生肉絲。投入熱油小鍋中。放旺火上攪抄到脫生加入一把滌淨的菠菜。再抄三四下。倒在麪碗上面供食這是苦力工人們的點心。

炒麪　拿麪先投沸水中煮到八分熟。取起瀝乾。分堆攤開。每客一堆。投熱油鍋中炒到微黃色。（幾客同炒也可以的）盛在碗裏。加辣油麻油醬油酸醋等拌食這是普通炒麪。還有加煮好的肉絲或蝦仁或蟹粉同炒。味道頗鮮。

鍋麪　各色都有用。一隻小鐵鍋。放入調味湯八分滿。（鷄湯肉湯隨便用的）置爐子上煑透。拿落熟沖過的麪投入。拿臨炒起來的澆頭鋪在麪上。澆頭或是蝦腰。或是蝦仁。或是紅燒豁水或是蔴菇。

紅燒豁水麪　豁水就是青魚的划水戟。帶些魚尾。放沸水鍋中爆透。篩下黃酒煑沸。加入醬油白糖葱薑等煑到魚熟汁濃。盛起鋪在落熟的麪碗上。汁水倒在湯裏。加些大蒜葉胡椒末。熱吃頗鮮。

腳爪麪　拿猪的腳爪。拔盡遺留的猪毛。刮去黑垢。切成寸段。先投冷水鍋中焯一透。取起沖過。再放乾淨鍋中。加淸水適宜同葱薑。用急火煑一透加酒。兩透加醬油。改用文火煑爛到皮爛。加下白糖。煑到糖熔汁濃就可取起。加三塊在落熟的麪上供食。

冬菇麪　這是素麪。拿蔴菇數兩。用淸水放開。摘去腳。批成薄片。拿放的水濾淨砂屑。同蔴菇置有蓋磁碗中。放飯鍋或蒸架上蒸熟。拿落熟的麪。置醬油湯碗中。鋪上五六片蔴菇。加入一大匙放蔴菇湯。加些蔴油供食。味頗清爽。

一三　元宵

元宵。就是糯米粉小湯糰。古時正月十五日家家要吃的。所以叫元宵。至今每屆元宵。糕糰店裏有生元宵出售的。若然要自製。用胡桃肉切成細屑拌和白糖桂花做餡拿拌凝的糯米粉。先搓長條。摘分坯子。逐一拿來輕輕揑空。用茶匙畚一匙胡桃餡倒入。搓成圓子。落手要輕。則圓子不致結實。投沸水鍋中煮熟。盛在碗裏。加些白糖桂花供食。這是應時點心。

一四　小圓子（又叫湯水）

小圓子、又叫水發圓。用乾糯米粉平攤竹籩裏。用洗帚蘸清水遍篩粉上。兩手拿籩急急圓轉篩動。籃中便成許多小圓子。拿來放沸水鍋中。生時下沉。煮熟上氽。用小眼笊籬撩起放碗。盛些湯糰。加些白糖同桂花醬。味帶甜香。頗覺適口。

一五　八寶飯

八寶飯是酒席上甜點心。從前都用白糯米的。現在有血糯煮成色紅如血。非但美觀。並且滋補。不過血糯不易買。預先托人向種田人定買的。拿來舂去外面的糙皮。淘淨。放清水中浸半日。倒入鍋中。加清水透米三四分。煮成乾飯。過硬過爛皆不宜。例如一升糯米飯。預備葷油一斤半。白糖一斤。蓮心二兩。用熱水泡過。剝衣去心。放蓮子壺中加熱水透起蓮心三四分。用文火煮到開花酥爛。芡實二兩煮爛。桂圓肉二兩。桂花醬一杯。葡萄乾一杯。拿糯米飯盛在瓦鉢中。加入葷油白糖。充分攪和。備十幾只飯碗。拿蓮心等五樣東西。分作十幾份。每只碗底置一份。盛滿糯米飯。當時可以就吃。隔日放蒸架上蒸熟。

拿碗倒置盆中去碗。蓮心桂花卻在上面。用筷拌和供食。甜香肥俱全。好吃無比。還有中間夾猪油豆沙的。味道也頗鮮肥。

一六　鍋貼

鍋貼類似湯麪餃。也是麪粉皮子。猪肉餡的。拿麪粉（多少隨時酌定）和少許冷水拌和搦凝。摘成均勻的坯子。用小的木竿打研成圓形皮子。一面預備猪肉斬成的肉醬。加些醬油、黃酒、葱屑砂仁末。用筷頭撈取一湯匙光景。放皮子的一邊。用手指拿皮子對合揑併粘牢成餃形。每客八隻。做成十六只。置素油少許在煎鍋裏。拿鍋貼平鋪鍋底。加蓋煑沸。加清水少許。從鍋邊篩下。煑燜約半小時光景。以肉心結實成熟爲度。方可取起。蘸醬麻油酸醋供食。煑的時候。莫放皮子烏焦。隨時拿煎鍋轉動。以免燒焦。

一七　湯麪餃

湯麪餃的原料和做法。同鍋貼是一樣的。不過包心粘合後。隨手沿邊揑出高低紋。約二分闊。移置蒸籠中隔湯蒸熟。所以叫做湯麪餃。也是蘸着醬麻油吃的。

一八　水餃子

水餃子、和湯麪餃的原料做法是一樣的。不過收小一半。沿邊不必揑出紋路。水餃子的皮子。是用拌凝的麪粉。用小木竿撳成小圓形像茶杯口大小。厚薄要適宜。太厚不好吃。太薄容易煮穿破。撳搦時候要摻些乾小粉在兩面。方不粘住。餡用猪肉斬成醬。加些鹽花葱屑黃酒砂仁末。這是普通肉心。還有用蝦仁猪肉一起斬爛的。叫做蝦肉水餃子。用野菜同猪肉斬爛做心的。叫做野菜夾肉水餃子。放沸水中煮爛到肉心結實成熟。盛在碗裏。湯中加些醬麻油、胡椒末、大蒜葉。味道比餛飩好吃。煮的時候比餛飩長久。

一九　餛飩

餛飩是用乾麪粉。和少許冷水拌凝。放打麪檯上。預備一個小布袋。納入碎小粉。用線紮住袋口。拿打麪木竿。把麪粉撳扁成荷葉狀。拿布袋摻些小粉在上面。用木竿捲住。向外滾轉推出。用手拿回到身前。再向外滾轉。這樣滾轉數十回。拌和的麪粉漸漸發闊變薄。不過滾轉了五六次。要攤開來。摻滿了小粉再捲再滾。滾到薄如厚紙爲度。這個就是人工打麪的法子。那末拿切麪刀先均匀切成寸半闊的長條。堆疊一起。再切成寸半闊的方塊。便成餛飩皮子。拿斬好的肉心加作料拌和。放在盆子裏。用尖頭短竹筷一雙。筷頭用線穿住。放盆邊。左手拿一張皮子。右手拿筷頭夾少許肉餡置皮子中間。用指頭把皮子粘住裹緊。便成餛飩。放一升冷水入鍋煮沸。碗中放些醬油葷油大蒜葉。加入沸水七分滿。拿餛飩投入鍋中。用急火煮沸。拿笊籬撈起置碗中。加些蛋皮絲胡椒末。頗有鮮味。若然自己打麪。照樣拿拌凝的麪粉打薄。左手大指上套着銅帽子。拿麪折疊四五[illegible]。疊切麪刀下。用左手大指上的銅帽子。每次懸空一分闊撳住。拿切麪刀沿銅帽子切下。一切切好。用兩手取起篩開。便成均勻的細麪。

二〇 杏絡

杏絡那是酒席上常用的點心。有銷痰止咳的效力。家常也可煑來吃。用杏仁四十粒。用熱水泡透。剝去衣。放小石臼中。用石杵舂爛。加清水研和。倒入淨布袋中。下盛大碗。濾出汁來。布袋絞乾。拿汁倒入鍋煑透。加白糖兩匙。煑到糖熔汁濃。盛在碗裏熱吃。味頗香美。或者用罐頭杏仁霜兩三匙。同一碗清水入鍋煑沸。加兩匙潔白糖。用筷攪到汁濃。起鍋供食。吃口比自製的稍遜一籌。

二一 炒米粉

炒米粉是極普通的點心。很是照下面方法製備。彷彿有炒山藥糕一樣好吃。用血糯或白扁糯米二升。置石臼中舂去皮糙。買打白的更好。拿來加半升打白香粳米。用水淘清。攤籃中晒乾水分。放鍋中用文火翻抄全體起黃色。盛起。拿淘清晒乾的黑芝蔴一升。入鍋急急攪抄翻篩。見起黃色。隨手鏟起。同炒米拌和。置石磨中磨成粉。用絹篩篩過。粗屑再磨再篩。盡成細粉。藏放有蓋木器中。買生板油二斤。熬成油。置碗中。潔白糖二斤備用。隨時拿湯匙。舂兩滿匙炒米粉置碗中。加入一匙凍葷油兩匙白糖。鍋中放一大碗冷水煮沸。用湯勺盛起半勺。倒入炒米粉中。用筷急急攪拌。再加半勺。攪拌使成薄漿糊狀。放沸水鍋中。燒兩透。燜五分鐘。取起。炒米粉全體發明亮。用筷攪和。吃起來香肥甜三美俱全。倘不喜吃甜。加一些食鹽。味帶甜鹹。更覺可口。注意糯米沒有脹性。所以要加香粳米。加芝蔴取其香味。加葷油取其鮮味。一定要放鍋中蒸透。炒米纔能脹足熟透。作料方得入味。這樣煮法。和用些沸水拌食。好吃十倍。

二三　米酥

這樣是拿炒米粉同葷油白糖做成的。是家常乾點心。收藏有蓋瓦鉢裏。經久不壞。隨時可以取食充飢。不喜吃甜的加些食鹽叫道和椒鹽酥糖相似。用打白糯米三升。白芝蔴升半。黑芝麻也可用的。拿來分起淘淨。晒乾水分。先拿糯米下鍋。用文火攪抄到脫生。加入芝蔴。急急攪抄到糯米全體發黃。盛在木桶裏。置石磨中磨成細粉。用絹篩篩過。粗屑磨細加入。放瓦鉢中。買二斤生板油熬成沸油。撩去油渣。乘熱倒在炒米粉裏。加入白糖二斤。不喜吃甜。加細鹽一杯。充分攪拌使和。拿一個刻就花紋的米酥模型。一板三個。拿米粉揿結實模型中。輕輕拍出。一起做好。疊鋪有蓋木盤中。隨時取食。

二三　酥糖

酥糖、是用芝蔴炒熟。和十分之三炒米粉。同葷油白糖製成的。炒的法子見前。白糖要多用。每升芝蔴用葷油四五兩光景。黑芝蔴做時。加些細鹽。便成椒鹽酥糖。做時拿沸葷油倒在芝蔴粉裏。用手拌和搦凝。先撳成二分厚的皮子。再捲成四方長條子。中間夾着少許白糖拌米粉。或是猪油。均勻切成三分闊。分開秤準分量。用兩層和都紙包成扁長形。藏貯木盤中。隨時拿一包當點心吃。

二四　肉餃

這是拿精猪肉二斤。去皮滌淨。斬成細屑。置鉢中。加入六兩好醬油二兩陳黃酒。充分拌和靜置一夜。等牠醬油酒吸入肉中。那末拿麪粉和水拌和。放檯板上。用短竿滾薄。折合再滾。約四五次。那末搓成長條勻摘成餃坯。搓圓。撳扁如掌心大小。拿尖頭筷夾一筷肉心置皮子一邊。用筷頭夾成長形。用手指揭起一邊的皮子。對合粘住。做成寸三分長四分闊厚的肉餃。平鋪煎盤中。放煤球火上。加蓋烘黃一面。翻轉烘到熟透。肉心堅結爲度。取起熱吃。格外鮮美。這樣做法。皮子逐層併合。入口發鬆。肉心有鮮味。格外好吃。

二五　猪油蛋糕

蛋糕、是中外通行的乾點心。外國蛋糕全體作蜜黃色。中國蛋糕上面作咖啡色。下面作淡黃色。吃口中國蛋糕好。製法。用鷄蛋十個。破壳注平底銅鍋中。用竹筷調和。麪粉七兩。白糖十兩。生板油半斤。滌淨剝去外膜。切成骰子塊。預先用白糖二兩拌淯一夜。桂花醬一大匙。拿麪粉、白糖、加入蛋汁中拌和加蓋。放蒸鍋上燒到發酵高起。拿猪油桂花摻在上面。加蓋煮燜到糕面成深咖啡色。取起。切成長方塊。隨時取食。鬆輭無比。不加猪油就是普通蛋糕。

二六　肉糭子

這樣是拿糯米同猪肉和糭箬裹成的。要照下面的製法纔好吃。若然用淡猪肉裹。

嫌淡無味。用生火肉猶覺堅硬無味。只有用精肥各半的鮮猪五花肉二斤。滌淨切成四分見方的小塊。置瓦鉢中。加入好醬油半斤。黃酒四兩。葱一根。薑一片。醃浸一夜待用。一面拿四升白糯米。用水淘清攤籮中吹乾水氣。依置瓦缸中。買粽箬幾束。預先兩日浸在多量清水中。漂淨氣味。取起瀝乾待用。拿浸肉的醬油篩倒在淘淨的糯米中。用筷拌和。倘然嫌少。不妨再加二兩好醬油拌和。那末拿兩三瓣粽箬。折成扁長空殼。拿酒杯舂糯米倒入。拿兩小塊醃肉。置米中。糯米要放滿。加一瓣粽箬裹密。用稻草周圍繞住粽子約長二寸多。每隔半寸繞一圍稻草。兩端須綰結牢固。一起裹好。移置大湯鍋中。加滿清水。粽子只可放到八分滿。加蓋。鍋底用樹柴煮五六透。燜一回。再煮再燜一夜。明朝煮透取起。剝去粽箬供食。味道頗鮮。這是鹹粽有的不用醬油酒拌入米中。臨時蘸醬油吃。鮮味減少哩。

二七　夾沙粽子　附赤豆粽

夾沙糉是糯米中夾着猪油豆沙的。那是端陽必備的食品。自己不裹。向糕店裏買來吃。習慣使然。叫做端陽吃隻糉。一夏健沖沖。所以端陽日大小百家都要備。的裹法。用赤豆一升。淘淨。放冷水鍋中。煮爛到酥爛。盛在布袋裏擠乾。用白糖一斤。一同下鍋。用文火攪抄成豆沙。盛在碗中待用。生板油半斤。撕去筋膜。切成骰子塊。用白糖醃拌一夜。白糯米二升。淘淨瀝乾。攤籃中。糉箬稻草够用。拿兩瓣糉箬折成空三角形。拿酒杯舂米倒入半滿。拿湯匙舂一匙豆沙加入。加兩小塊猪油。再用酒杯舂米加滿。添一瓣糉箬裹成三角糉。用稻草十字花結住。一起照樣賽好。移置鍋中。加滿清水。用樹柴火煮兩小時。燜半小時。再煮兩透。起鍋剝去糉箬。用白糖拌食。味頗甜肥。赤豆糉手續簡單。拿升半赤豆放淸水中浸一夜。取起淘淨。一升半白糯米淘淸同赤豆相和。拿糉箬裹成三角形。放鍋中加水煮燜成熟。取起。剝白拌糖供食。還可放油鍋中汆黃。或者切塊放少許油鍋中。兩面煎黃。摻些細鹽供食。比不煎的好吃。

二八　百菓蜜糕

百菓蜜糕是定親用的。茶食店裏也有作點心賣的。蒸法。用白糯米粉四升。白糖二斤半。胡桃肉、松子肉各半斤。青梅肉紅梅肉各四兩。各切成小塊。拿白糖同粉充分拌和。用絹篩篩過。粗屑用手揑碎篩下。拿一塊淨白粗夏布襯在蒸籠底裏。大小要剪來一樣。拿蚌殼畚粉置籠中。移放水鍋上。加蓋用溼粗紙密封鍋邊。用樹柴火燒煑約一小時。見粉已發明。便是熟透。倒在敞口缸裏。就用襯底的夏布。放多量清水中滌淨。絞乾包在手上。拿糕揉搦成凝。加入四樣菓肉。搦和。拿糕一起置長方糕板上。用手搦成長方形。厚約三寸。等到冷透。拿刀橫豎切成長方塊。定親用的。裝入喜匣。送禮的。裝入印花紙匣。自己吃的。移置透風的食櫥中。隨時取食。

二九　青糰子

這樣是二三月裏的點心。是拿新生出來的麥葉搗汁。拌和糯米粉做成的。用豬油豆沙做餡。顏色深青。又叫翡翠糰。入口有新麥香頗好吃。用糯米粉二升。炒就的豆沙一碗。生板油四兩。撕去外膜。切成骰子塊。用白糖醃拌一夜待用。摘取新小麥葉兩把。拿來用水滌淨。放小石臼中摘爛。納入布袋中。絞出汁來。同糯米粉拌和。便成青粉。搦凝搓成坯子。捏空中間。用筷頭撈一疊豆沙同一小塊豬油納入。捏籠搓圓。一起做好。平鋪蒸籠中。置水鍋上。用樹柴火煮熟供食。不過取牠帶有麥葉香味道和普通糰子差不多的。

三〇 南瓜糰子 附南瓜糕

南瓜糰是拿南瓜煮熟搗爛。同糯米粉白糖拌和。同豬油夾沙做餡。做法蒸法。和青糰子一樣的。不必再說了。不過好的南瓜很甜。白糖宜少用。一升粉加四兩白糖够了。蒸熟了發金黃色。所以又叫黃金糰。還有南瓜糕。在七八月裏南瓜上市的當兒。選擇性糯味甜的南瓜四五個。可以藏到年底蒸黃金糕做糕元寶最合宜。拿一個南瓜刮皮切蒂挖去子。切成薄片。加清水少許煑爛。用木杵研細。同糯米粉拌和搦凝。用粉多少隨南瓜大小而定。再加白糖拌到粉發乾鬆爲度。粉溼了蒸不成糕的。一面預先用赤豆一升同白糖半斤。炒成豆沙。生板油半斤。預先用白糖醃拌待用。蒸籠底襯粗夏布或襯軟豆腐衣。拿南瓜粉鋪滿一寸厚。加一層豆沙和猪油。再鋪一層粉。上面再加一層豆沙猪油。加蓋密閉。放水鍋上。用樹柴火煑三四透。就熟了。取起乘熱吃。肥糯而甜。有猪油糕之味。糕面上滿摻桂花更好。

三一　刺毛糰

猪的腿花肉二斤。削去皮滌淨。斬成肉醬。置碗中。加入好醬油四兩。黃酒二兩。葱屑一匙。拌和待用。糯米一升。浸清水中一夜。撈起淘清瀝乾。攤匾中待用。糯米粉一升。和少許拌和搦凝。勻分坯子。搓成圓子。捏空中間。捏得皮子越薄越好。拿湯匙舂一匙肉餡納入。捏籠放糯米中滾滿米粒置蒸籠中。放水鍋上。用樹柴火蒸熟。取出乘熱吃。別有風味。

三二　毛糕

毛糕是用糯米六成粳米四成。混和淘清吹乾磨粉。每蒸用粉二升半。用頂好的黃糖一斤。六兩拌和粉中。拿蚌殼舂粉篩在蒸裏。一手篩粉。一手拿黃糖摻入。十兩糖一起摻入。移置水鍋上。加蓋密閉。用樹柴火燒煮半小時光景。糕熟而糖未烊盡。取出切成薄塊。趁熱吃。甜美適口。還蒸來吃也好。加半升浸酥赤豆同蒸更好吃。還有黃切糕也是一樣蒸法。不過糖一起拌在粉裏。加一把松子肉拌和。蒸熟起鍋。用長刀縱橫切成二分闊的刀路。再用刀切塊供食。味帶松子香。

三三　玫瑰海棠糕

用藕粉一碗。清水兩碗。鷄蛋兩枚。破殼加入用棒充分攪和成薄漿糊狀、備白糖、玫瑰醬、糖醃猪油各一碗。海棠糕鐵模型一個。旺炭風爐一只。拿湯匙撈粉汁置模型中約八分滿。加一撮白糖同玫瑰醬在上面。摻入兩小塊猪油。拿鐵板蓋住。執柄置旺炭火上烘十五分鐘光景。去蓋見粉汁凝固。猪油脫生發明。就可取起供食。

三四　燕窩粥

燕窩粥並不用米。純用光燕窩煮成。功能滋補。買光燕窩數兩。（就是酒席上用的。還有一種毛燕窩入藥清補。只能納入夏布袋中煮湯吃的。）每日早晨用半兩。預先用冷水放開揀淨。再用清水漂過。臨吃時。用一飯碗同燕窩下鍋煮兩透。加入一匙潔白糖攪起乘熱吃。不加白糖淡吃。補力更大。鹽能銷減補力。用不得的。

三五　芡實粥

芡實就是從雞豆中剝出來的肉。南貨店裏有得出售的。買三斤。拿來磨成粉。臨吃取粉半飯碗。同淸水半飯碗。煑兩透。加一匙白糖並少許桂花供食。也有少許滋補力的。

三六　八寶粥（又叫臘八粥）

每屆十二月初八日。大寺院裏都要煑臘八粥吃。居家也有煑八寶粥吃的。名稱雖異原料是相同的。料的多少隨意。白香粳米一升。淘淸煑鍋中。加三升淸水。拿二兩蓮心剝衣去心。薏苡仁、芡實、山藥粉、棗子肉、桂圓肉各一兩。糖醃桂花一碗。起鍋時加入白糖或黃糖半斤。一併加入鍋中。用樹柴火煑兩小時。拿勺攪和。見粥湯濃厚。蓮心酥爛。就可起鍋加桂花供食。這是應時點心。還有白糖蓮心。是拿白粳米、白糖、蓮肉煑成的。味道不及八寶粥好吃。

三七　鴨粥

鴨粥是拿白粳米煑成粥。上面鋪上五六塊熟醬鴨。就算鴨粥的。也有拿米放入煑醬鴨湯中爊成粥。加入切塊的醬鴨供食。味道來得入味。醬鴨的法子。上文已經說過。不必再說了。

三八　羊粥

羊粥是拿白粳米放在燜羊肉湯中煑成的。不過羊羶氣很重。煑燜的當兒。先要同白蘿蔔胡葱老薑黃酒清水等下鍋焯透。取起。放清水中滌淨。那末拿出白的全羊。置燜鍋中。加入黃酒葱薑食鹽清水。煑燜半日。羊肉已酥爛。取起拆去骨頭。羊油另放碗中拿皮包着凍結成膏。一面拿米投入湯中燒煑成粥。臨吃加些羊膏羊油醬油。味頗鮮。

三九　藕粥　附煑熟藕

藕粥是和藕同煮的。買老塘藕數斤。浸水中用稻草滌淨泥垢。齊藕節切斷。再每段離節二三分切斷。拿淘淨的白糯米。遍塞藕孔。以滿爲度。用寸半長的竹扦。拿切下的藕節蓋上扦住。一起塞好。疊置湯鍋中。約七分滿。投入半升糯米。加滿淸水。摻下半斤黃糖。用樹柴火燒一小時。燜一回。再燒一小時。再燜一夜。藕巳酥熟。取起切片拌糖供食。鍋中的黃糖粥。就是藕粥。

四〇 綠豆粥

綠豆有淸熱消暑的效力。夏天煮粥吃頗合宜。用綠豆一升淘淨。加淸水煮爛。取起瀝乾置碗中。另煮半升糯米飯。也須放透風處。因爲在暑天。不放透風處。容易變壞。用薄荷一束放瓦鉢。拿沸水沖滿。就是薄荷湯。普通拿綠豆糯米飯各兩匙置碗中加白糖一匙。沖滿薄荷湯吃的。還有另外煮爛的蓮心薏苡仁、蜜棗肉、桂圓肉、桂花醬。味道格外好吃。

四一　蜜餞佛手

鮮佛手有開胃平肝氣的功效。拿來蜜餞熟了。可以經久貯藏。遇到胃口不開。肝氣發作。隨時可以當藥的。家常製備。要在七八九月間鮮佛手上市。揀頂大的買三斤。要揀指頭合攏的。方可橫切成三分厚的團片。用鹹梅八只。放瓦鉢中。沖滿沸水。等到冷透。拿佛手片浸入。經過一夜。等牠的辣水發洩乾淨了。取起吹乾。用二斤潔白糖放鍋中用文火烊化。投入佛手片。火力改微。任牠徐徐煎熬。煎到佛手熟爛。糖汁入骨。連鍋移開。倒入有蓋磁鉢中。等到冷透。加蓋封固。可以貯藏一年。不變色不變味。注意煎熬時用鏟翻動。莫放牠燒焦。若然佛手未爛。糖已煎乾。不妨加少許沸水入鍋。攪和再煎。起鍋時試嚐佛手爛而只有甜味。方可起鍋。

四二　蜜餞蓮心

乾點心中要算蜜餞蓮心頂好吃。不過廣東店和南貨店裏出售的。不免帶些僵硬的。這都是煑時蓮心太多。有的煑爛。有的不曾煑爛的緣故。自製買紅蓮心二斤。（白蓮煑不爛的。）放面盆中。加入沸水。用筷攪和。加蓋到沸水將冷時。倒在有眼的四角籃裏。用乾淨洗帚向蓮心亂戳亂顛。戳到蓮衣全行脫落。拿籃浸入清水中。汆淨蓮衣。拿針頭戳去心。放瓦鍋中。加熱水透過蓮心三四分加火煑三四沸。拿水倒出。拿鏟拿蓮心上下翻轉。加入倒出的沸水。煑到酥爛。將要開花時倒出。同白糖二斤入鍋煎到糖汁裏牢。倒在竹籃裏。冷透收藏。吃起來粒粒酥軟。沒有僵塊哩。

30，5，20，

中西書局

(15003)

食譜大全

實價國幣　元　角
外埠酌加郵費匯費

集方者　祝味生
校閱者　魏國華
出版者　大通圖書社
發行人　吳雨江
上海山東路中市
特約總發行　中西書局總店
※各省中西書店均有分銷※

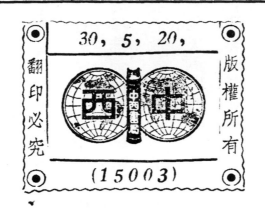

書名：民初祝味生食譜大全
系列：心一堂・飲食文化經典文庫
原著：【民國】祝味生
主編•責任編輯：陳劍聰

出版：心一堂有限公司
通訊地址：香港九龍旺角彌敦道六一〇號荷李活商業中心十八樓〇五一〇六室
深港讀者服務中心：中國深圳市羅湖區立新路六號羅湖商業大厦負一層〇〇八室
電話號碼：(852)9027-7110
網址：publish.sunyata.cc
淘宝店地址：https://sunyata.taobao.com
微店地址：　https://weidian.com/s/1212826297
臉書：　　　https://www.facebook.com/sunyatabook
讀者論壇：　http://bbs.sunyata.cc

香港發行：香港聯合書刊物流有限公司
地址：香港新界荃灣德士古道220～248號荃灣工業中心16樓
電話號碼：(852) 2150-2100
傳真號碼：(852) 2407-3062
電郵：info@suplogistics.com.hk
網址：http://www.suplogistics.com.hk

台灣發行：秀威資訊科技股份有限公司
地址：台灣台北市內湖區瑞光路七十六巷六十五號一樓
電話號碼：+886-2-2796-3638
傳真號碼：+886-2-2796-1377
網絡書店：www.bodbooks.com.tw
心一堂台灣秀威書店讀者服務中心：
地址：台灣台北市中山區松江路二〇九號1樓
電話號碼：+886-2-2518-0207
傳真號碼：+886-2-2518-0778
網址：http://www.govbooks.com.tw

中國大陸發行　零售：深圳心一堂文化傳播有限公司
深圳地址：深圳市羅湖區立新路六號羅湖商業大厦負一層008室
電話號碼：(86)0755-82224934

心一堂微店二維碼　心一堂淘寶店二維碼

版次：二零二零年十二月初版，平裝

定價：港幣　　一百三十八元正
　　　新台幣　五百四十八元正

國際書號 ISBN 978-988-8583-57-7